职业院校机电类"十三五"
微课版创新教材

电子技术 第3版

黄军辉 傅沈文 / 主编

吴楚珊 陈振伟 徐献灵 李丽 / 副主编

U0340869

人民邮电出版社

北 京

图书在版编目（CIP）数据

电子技术 / 黄军辉，傅沈文主编. -- 3版. -- 北京：
人民邮电出版社，2016.8（2019.12重印）
职业院校机电类"十三五"微课版创新教材
ISBN 978-7-115-42695-6

Ⅰ．①电… Ⅱ．①黄… ②傅… Ⅲ．①电子技术－高
等职业教育－教材 Ⅳ．①TN

中国版本图书馆CIP数据核字(2016)第174792号

内 容 提 要

本书采取项目式教材的编写方法，系统地介绍了电子技术的基本概念、基本理论、基本方法及在实际中的应用。

本书共 10 个项目，主要内容包括半导体器件的认识、基本测量仪表的使用、直流稳压电源的制作、分立元件放大电路的设计、集成运算放大电路的应用、振荡电路的设计与测量、模拟电子技术项目综合设计、组合逻辑电路的设计、时序逻辑电路的设计、数字电子技术项目综合设计等。

本书可作为高职高专院校信息类、电类等专业的教材，也可作为相关工程技术人员的参考书。

◆ 主　编　黄军辉　傅沈文
　　副 主 编　吴楚珊　陈振伟　徐献灵　李　丽
　　责任编辑　刘盛平
　　责任印制　焦志炜
◆ 人民邮电出版社出版发行　　北京市丰台区成寿寺路 11 号
　　邮编　100164　电子邮件　315@ptpress.com.cn
　　网址　http://www.ptpress.com.cn
　　固安县铭成印刷有限公司印刷
◆ 开本：787×1092　1/16
　　印张：15.75　　　　　　　　2016 年 8 月第 3 版
　　字数：373 千字　　　　　　2019 年 12 月河北第 8 次印刷

定价：39.80 元

读者服务热线：(010)81055256　印装质量热线：(010)81055316
反盗版热线：(010)81055315

本书是《电子技术（第 2 版）》的修订本。与第 2 版相比，本书突出了以下特色。

（1）"互联网 + 教育"创新型一体化教材。本书在重要的知识点或操作步骤中嵌入链接了动画、视频的二维码，通过手机"扫一扫"功能，读者可以直接用手机打开这些动画、视频，从而加深对知识以及操作的认识和理解，起到课前预习、课后复习的功能。

（2）精简教学内容。根据职业教育理论，知识传授应遵循"实用为主，必须够用为度"的准则，本书在编写时尽量压缩、简化理论上的推导过程，增加一些实用性较强、与生产实践相近的实例，力求通俗易懂，以适应高职高专学生的学习需求。

（3）以项目为导向，任务为驱动。本书采用项目导向，任务驱动的模式编写，通过项目和任务，培养学生分析问题、解决问题的能力和团队协作精神，围绕项目和任务将各个知识点渗透于教学中，增强课程内容与职业岗位能力要求的相关性。

（4）在任务选材上突出教学重点和难点，增加可操作性和趣味性。本书精心选择简单易懂的实例和项目以降低教学难度，将近几年成熟的教学实践项目拓展到教学任务中，以突出教学的实用性和趣味性。

本书的参考学时为 90 学时，其中实训环节为 38 学时，各项目的参考学时参见下面的学时分配表。

项 目	课 程 内 容	学 时 分 配	
		讲授（学时）	实训（学时）
项目一	半导体器件的认识	4	2
项目二	基本测量仪表的使用	4	4
项目三	直流稳压电源的制作	10	4
项目四	分立元件放大电路的设计	8	2
项目五	集成运算放大电路的应用	2	2
项目六	振荡电路的设计与测量	6	4
项目七	模拟电子技术项目综合设计	2	8
项目八	组合逻辑电路的设计	6	4
项目九	时序逻辑电路的设计	6	4
项目十	数字电子技术项目综合设计	4	4
课时总计		52	38

本书由广东农工商职业技术学院黄军辉、傅沈文任主编，广东农工商职业技术学院吴楚珊、安徽矿业职业技术学院陈振伟、广东农工商职业技术学院徐献灵和广州市信息工程职业学院李丽任副主编。参加本书编写工作的还有广东农工商职业技术学院李靖、刘雅婷、

符气叶、罗旭、李基有，全书由黄军辉、吴楚珊负责统稿，广州市天河区教育局范丽晖负责全书的校对工作。广东农工商职业技术学院与广州市风标电子技术有限公司等对本书的编写给予了大力支持，在此表示衷心的感谢。

编者
2016 年 5 月

项目一
半导体器件的认识

| 一、项目分析 |

用半导体制成的电子器件，统称为半导体器件。半导体器件具有耗电少、寿命长、重量轻、体积小、工作可靠、价格低廉等一系列的优点，因此在电子技术的各个领域中得到了广泛应用。

项目内容

本项目先讨论了半导体的导电特性和 PN 结的基本原理，接着讨论了二极管、三极管、场效应管等的结构、工作原理、特性曲线及主要参数。

知识点

① 半导体的导电特性和 PN 结的基本原理；
② 二极管的结构、伏安特性；
③ 三极管的结构、电流分配原理、工作状态和条件。

能力点

① 会识别二极管、能测绘其伏安特性；
② 会识别三极管、能分析其电流分配情况；
③ 能测绘三极管的传输特性曲线；
④ 能熟练应用特殊二极管、绝缘栅型场效应管。

|二、相关知识|

（一）半导体的基本知识

半导体器件是电子电路的核心部分。近代电子学已经由独立的半导体器件发展到了集成电路，特别是大规模和超大规模集成电路的出现，使科学技术步入了电子、微电子时代。

1．半导体

自然界的物质按其导电能力可分为导体、绝缘体和半导体。导电能力介于导体和绝缘体之间的物质称为半导体，如硅（Si）、锗（Ge）、砷化镓（GaAs）等。

2．半导体的物理特性

（1）半导体独特的物理特性

① 热敏特性：半导体的电阻率随着温度变化而显著变化。例如，纯锗当温度从 20℃升高到 30℃时，其电阻率约降低一半。利用这一特性制成的热敏元件，常用于检测温度的变化。这种特性造成了半导体器件的温度稳定性差。

② 光敏特性：某些半导体材料受到光照时，电阻率迅速下降，导电能力显著增强。例如，常用的硫化镉（CdS）材料，在有光照和无光照的条件下，其电阻率有几十到几百倍的差别。利用这种特性可制成各种光敏元件，如光敏电阻、光电管等。

③ 掺杂特性：在纯净的半导体材料中掺入某种微量的杂质元素后，其导电能力将猛增几万倍甚至几百万倍。例如，在纯硅中掺入百万分之一的硼，即可使其电阻率从 $2.14 \times 10^3 \Omega \cdot m$ 下降到 $4 \times 10^{-3} \Omega \cdot m$。这是半导体最突出的特性。

正因为半导体有这些独特的物理特性，它才成为制造电子元器件的重要材料。热敏电阻、光敏电阻、二极管、三极管、场效应管、晶闸管等都是常见的半导体器件。现在，制造半导体器件的主要材料是锗和硅。

（2）半导体的晶体结构

纯净的、具有完整晶体结构的半导体称为本征半导体。

最常用的本征半导体是锗和硅晶体。它们都是四价元素，原子最外层轨道上有 4 个价电子。由于晶体中相邻原子的距离很近，原子的 1 个价电子与相邻原子的 1 个价电子容易组合成一个电子对，这对价电子是相邻原子所共有的，这种组合称为共价键结构。因此，在晶体中，1 个原子的 4 个价电子就会分别与其周围的 4 个原子组成共价键，如图 1-1 所示。

在热力学零度（-273.16℃）且没有其他外部能量作用时，价电子被共价键紧紧束缚着，使得半导体中没有可以自由移动的带电粒子。此时，晶体中没有载流子，导电能力如同绝缘体。

当半导体温度上升或给半导体施加能量（如光照）时，一些价电子获得足够的能量而挣脱共价键的束缚，成为自由电子，此过程称为本征激发。自由电子是一种可以参与导电的带电粒子，即载流子。

价电子脱离共价键束缚成为自由电子的同时，在相应共价键中留下一个空位置，称为空穴。邻近原子上的价电子容易填补这个空穴，这样就在邻近原子处留下一个新的空穴，如图 1-2 所示。空穴的运动相当于正电荷的运动。

在外加电场的作用下，带负电的自由电子逆着电场方向做定向运动，形成电子电流；带正电的空穴则顺着电场方向做定向运动，产生空穴电流（实际上是价电子按反方向依次填补空穴的运动所产生的）。由于所带的电荷不同，虽然它们运动方向相反，产生的电流方向却是相同的。因此，总电流是自由电子电流和空穴电流之和。可见，半导体有自由电子和空穴两种载流子参与导电，这是半导体导电方式的最大特点，也是半导体和金属在导电原理上的本质差别。

载流子的数量决定了半导体的导电能力。载流子浓度越高，半导体的导电能力就越强。载流子的数量与温度、光照程度和掺入杂质浓度等因素有关，因此半导体的导电能力也与温度、光照、掺入杂质浓度等因素有关。

图 1-1　硅或锗晶体共价键结构示意图　　　　图 1-2　电子和空穴的形成

在本征半导体中，受激后的自由电子和空穴总是成对产生的。同时，自由电子在运动过程中与空穴相遇，自由电子会填补空穴，两者同时消失，称为复合。在一定温度下，载流子的产生与复合达到动态平衡，使得载流子维持在一定的数目上。当温度升高或受到光照时，更多的价电子被激发而挣脱共价键的束缚，产生的自由电子—空穴对的数量将增多，复合也会增多。最终，激发和复合在此温度下再次达到平衡，载流子数量增多。

在常温下，本征半导体的导电能力极差。

3．半导体的导电原理

（1）N 型半导体

在纯净的半导体中掺入微量的五价元素，如砷（As）或磷，可使半导体中自由电子的浓度大大增加，形成 N 型半导体或称为电子半导体。如图 1-3 所示，在纯净半导体中掺入五价的磷元素，磷原子有 5 个价电子，其中 4 个价电子与相邻的硅原子形成共价键，多余的 1 个价电子很容易挣脱磷原子的束缚而成为自由电子，磷原子失去 1 个价电子成为不能移动的正离子。磷原子的数量虽然很少，但由此产生的自由电子数量却远远大于本征激发产生的空穴数量。N 型半导体中，自由电子的浓度大于空穴的浓度，自由电子为多数载流子，简称多子；本征激发产生的少量空穴为少数载流子，简称少子。如此掺杂以后，N 型半导体中的自由电子浓度远大于本征半导体中的自由电子浓度。可见，掺杂可以大大提高半导体的导电能力。

（2）P 型半导体

在本征半导体中掺入微量的三价元素，如硼（Be）或铟（In），可使半导体中空穴（带正电的粒子）浓度大大增加，形成 P 型半导体或称为空穴半导体。如图 1-4 所示，在纯净半导体中掺入三价的硼元素，硼原子有 3 个价电子，在与相邻的硅原子形成共价键时，将因缺少 1 个价电子而形成 1 个空穴，这个空穴容易吸引邻近共价键上的价电子来填补，使得硼原子得到 1 个价电子成为不能移动的负离子。硼原子的数量很少，但由此产生的空穴数量却远远大于本征激发所产生的自由电子数量。在 P 型半导体中，空穴是多子，自由电子是少子。P 型半导体中，空穴浓度远远大于自由电子浓度。

　　综上所述，多子是由掺杂产生的，多子数目取决于掺杂浓度，杂质半导体主要靠多子导电。少子是本征激发产生的，因此少子数目对温度非常敏感，所以在高温下，半导体器件中少子数目增多，器件的稳定性因此将受到影响。掺入少量的杂质可以使晶体中的自由电子或空穴的数目激增，大大提高半导体的导电能力。也就是说，通过改变掺入杂质的浓度可以控制半导体的导电能力。

图 1-3　N 型半导体结构示意图　　　　　　　　图 1-4　P 型半导体结构示意图

（3）半导体 PN 结

① PN 结的形成。利用掺杂工艺，可以在一块本征硅片的不同区域分别形成 P 型半导体和 N 型半导体，二者的交界面处就形成了 PN 结，如图 1-5 所示。

图 1-5　PN 结的形成

　　P 型半导体中，空穴很多而自由电子很少，N 型半导体中，自由电子很多而空穴很少，形成 PN 结时，P 区的多子（空穴）扩散到 N 区，并与 N 区交界面处的自由电子复合；N 区多子（自由电子）扩散到 P 区，并与 P 区交界面处的空穴复合，如图 1-5（a）所示。这样，在 P 区一侧留下不能移动的负离子，在 N 区一侧留下不能移动的正离子。PN 交界面处形成了一边带负电荷，一边带正电荷的空间电荷区，同时产生了方向由正电荷区指向负电荷区（即由 N 区指向 P 区）的电场，称为内电场，如图 1-5（b）所示。在内电场的作用下，P 区的少子（电子）向 N 区漂移，N 区的少子（空穴）向 P 区漂移。内电场的出现对两区多子的扩散运动起阻碍作用，却推动了两区少子的漂移运动，使得两区少子越过空间电荷区进入对方区内。很显然，多子的扩散运动方向和少子的漂移运动方向是相反的。

　　PN 结形成之初，多子的扩散运动占绝对优势。随着扩散的进行，空间电荷区将逐渐变宽，内电场逐渐增强；多子的扩散运动将逐渐减弱，少子的漂移运动却逐渐增强。最终实现了多子扩散运动和少子漂移运动的动态平衡，空间电荷区不再扩展，保持一定的宽度。此时，多子的扩散载流子数目和漂移载流子数目相等，所以流过 PN 结的净电流为零。这个空间电荷区就称为 PN 结。

PN 结形成

　　PN 结的宽度一般为几微米到几十微米。PN 结的内电场的电位差约为零点几伏。

　　② PN 结的特性。在没有外电场的作用下，PN 结是不会导电的；在外电场的作用下，PN 结显示单向导电特性。

　　如图 1-6（a）所示，给 PN 结外加直流电压 U_F，即 P 型半导体接正极，N 型半导体接负极，且仅当 U_F 大于 PN 结的内电场时，PN 结处于导通状态，可得图 1-6（b）所示的正向特性曲线。此时的 U_F 定义为正向电压，也称为正向偏置电压，简称正偏压。PN 结的这种状态称为正向导通状态，即正向导通。

PN 结正向偏置

（a）PN 结在正向偏置下变窄　　　　（b）PN 结正向伏安特性

图 1-6　PN 结外加正向电压

　　如图 1-7 所示，给 PN 结外加直流电压 U_R，即 P 型半导体接负极，N 型半导体接正极。在外加电场作用下，PN 结电子势垒数量增加，电阻增大，PN 结处于截止状态，此时的 U_R 定义为反向电压，也称为反向偏置电压，简称反向偏压，这即人们常说的反向截止。

（a）PN 结在反向偏置下变宽　　　　（b）PN 结反向伏安特性

图 1-7　PN 结外加反向电压

必须指出，当 PN 结的反向电压过大时，反向电流急剧增大，PN 结发生反向击穿现象，单向导电性被破坏。PN 结内的正负离子层，相当于存储的正负电荷，与极板电容器带电的作用相似，因此 PN 结具有电容效应，这种电容称为结电容或极间电容。

PN 结反向偏置

综上所述，PN 结正向偏置时，PN 结导通，正向电阻很小，正向电流 I_F 较大；PN 结反向偏置时，PN 结截止，反向电阻很大，反向电流 I_R 很小。半导体 PN 结的这种正向导通和反向截止的特性定义为单向导电特性，这是 PN 结的一种非常重要的特性，是构成半导体器件的基本理论基础和关键依据，也是半导体器件在电子技术中得到广泛应用的重要原因。

（二）二极管

1．二极管的结构和符号

二极管是由一个 PN 结加上电极引线封装构成的。PN 结两端引出两个电极，P 型半导体端为正极，N 型半导体端为负极，图 1-8 所示为二极管电路符号，VD 是二极管文字符号。二极管按材料分为 Si 管和 Ge 管；按结构分有点接触型、面接触型和平面型；按用途分有普通二极管、整流二极管、检波二极管、开关二极管、稳压二极管、发光二极管、光敏二极管、变容二极管等。

二极管的单向导电

2．二极管的单向导电性

图 1-9 所示为二极管单向导电实验电路。若二极管的正极接电源正端，负极接电源负端，则二极管所加电压为正向偏置电压，简称正向偏置，这种连接称为正向连接，灯亮，如图 1-9（a）所示，表示二极管正向导通。若二极管的正极接电源负端，负极接电源正端，则二极管所加电压为反向偏置电压，简称反向偏置，灯灭，如图 1-9（b）所示，表示二极管反向截止。

二极管工作原理

图 1-8　常见二极管符号　　　　图 1-9　二极管的单向导电性

结论：二极管的这种正向导通、反向截止特性称为二极管的单向导电性。二极管在电子技术中的应用是基于这样一种特性；对二极管的电路分析，也同样根据这样的单向导电性来进行。

3．二极管的伏安特性曲线

（1）伏安特性曲线

由二极管的单向导电实验图及 PN 结特性可知，二极管的伏安特性曲线是描述二极管两端所加电压与流过管子电流的关系曲线，图 1-10 所示为二极管的伏安特性。

（2）伏安特性曲线特征分析

① 正向特性曲线。当外加正向电压较小时，二极管不能导通，这一段区域所加电压为死区电压，硅管小于 0.5V，锗管小于 0.1V。当外加正向电压超过死区电压后，二极管中电流开始增大，继续增加电压直至只要电压略有增大电流便开始急剧增大，二极管进入导通状态。导通时二极管的正向电压降硅管为 0.6～0.8V（一般取 0.7V），锗管为 0.2～0.3V（一般取 0.3V）。

二极管的伏安特性

二极管的这种由正向死区电压不导通到正向导通的现象称为正向特性，如图 1-10 所示曲线①。

(a) 硅二极管的伏安特性　　　　　　(b) 锗二极管的伏安特性

图 1-10　二极管的伏安特性

② 反向特性曲线。在二极管两端加额定反向电压时，二极管并不是理想截止状态（见图 1-10 曲线②），仍然会有微小电流通过二极管，其通过电流大小基本不随电压大小改变，呈现固定值，这称为二极管的反向截止漏电流，简称反向电流，记作 I_s，一般硅管约为几微安，锗管约为几十微安。这时加在二极管两端的反向电压 U_R 称为最高反向工作电压 U_{RM}。当反向电压增大到一定值时（见图 1-10 中曲线②和曲线③的交接处），反向电流急剧增加，呈直线上升，二极管单向导通特性破坏即造成二极管的永久性损坏，这种现象称为二极管反向击穿，此时的电压值 U_R 为二极管的反向击穿电压。这种现象是二极管使用时应该避免的。

二极管的这种由反向截止到反向击穿的现象称为二极管的反向特性，图 1-10 所示曲线②和曲线③可以说明该特性。

4．二极管的主要参数

（1）最大整流电流 I_{FM}

最大整流电流 I_{FM} 是指二极管长期工作时允许通过的最大正向平均电流。使用中电流超过此值，管子会因过热而损坏。

（2）最高反向工作电压 U_{RM}

二极管长期运行时所能承受的最大反向工作电压。为保证二极管能安全工作，一般取 U_R 为 U_{RM} 的二分之一。

（3）反向击穿电压

反向击穿电压是指二极管能承受的最大反向工作电压，外加电压超过该值，PN 结会损坏。

（4）最高工作频率 f_M

最高工作频率 f_M 是保证二极管正常工作时所加信号的最高频率，否则会使二极管失去单向导电特性。

5．二极管的应用及电路分析方法

二极管虽然是很简单的半导体器件，但它的应用范围却很广，这主要是利用了二极管的单向导电性。二极管常用于整流、检波、钳位、限幅以及在脉冲与数字电路中作为开关元件。

在分析二极管的应用电路时，常假设它为理想二极管，即外加正向电压时导通，且正向压降为零，外加反向电压时截止，且反向电流为零。

具体的分析步骤如下。

① 先确定相应的参考点。

② 假设所有二极管全部断开，判断二极管原来位置两端（P 端电压为 U_P，N 端电压为 U_N）的电位差。

a．如果 $U_P > U_N$，则二极管导通；否则截止。

b．如果同时有多个二极管符合 $U_P > U_N$ 时，让 $U_P - U_N$ 最大的二极管先导通，再分析其他的二极管是否导通。

③ 确定了二极管的工作状态后，用基尔霍夫定律分析求解电路。

下面以整流电路、限幅电路和钳位电路为例说明二极管常用的应用电路。

a．整流电路。二极管最基本的应用是整流，即把交流电转换成脉动的直流电，图 1-11（a）所示为半波整流电路。若忽略二极管的死区电压和反向截止电流，则可把二极管看成理想二极管，即把二极管作为一个开关。当输入电压为正半周时，二极管导通（相当于开关闭合），$u_o = u_i$；当输入电压为负半周时，二极管截止（相当于开关断开），$u_o = 0$。其输入、输出波形如图 1-11（b）所示。

（a）电路 　　　　（b）输入、输出波形

图 1-11　半波整流电路及波形

b．限幅电路。限幅电路的作用是把输出电压的幅度限制在一定的范围内。如图 1-12 所示，$u_i = U_m \sin \omega t$。

当 $-E_2 < u_i < E_1$ 时，VD_1 和 VD_2 均承受反压而截止，$u_o = u_i$；当 $u_i < -E_2$ 时，VD_2 承受正向电压而导通，$u_o = -E_2$；当 $u_i > E_1$ 时，VD_1 承受正向电压而导通，$u_o = E_1$。图 1-12 所示实线部分为输入 u_i 的波形，虚线部分为输出 u_o 的波形。

这个电路将 u_o 的幅值限制在 $-E_2$ 和 E_1 之间。限幅电路也称为削波电路。

c．钳位电路。当二极管正向导通时，正向压降很小，可以忽略不计，所以可以强制使其阳极电位与阴极电位基本相等，这种作用称为二极管的钳位作用。当二极管加反向电压时，

二极管截止，相当于断路，阳极和阴极被隔离，称为二极管的隔离作用。

（a）二极管的限幅电路　　　　　　　　（b）限幅电路的输入和输出波形图

图 1-12　二极管限幅电路分析

如图 1-13 所示，先把两个二极管的两端断开，输入端 A 的电位为 $U_A = +3\text{V}$，则 $U_{D1} = U_{D1P} - U_{D1N} = U_A - (-12\text{V}) = 15\text{V}$；输入端 B 的电位为 $U_B = 0\text{V}$，则 $U_{D2} = U_{D2P} - U_{D2N} = U_B - (-12\text{V}) = 12\text{V}$。因为 $U_{D1} > U_{D2}$，所以 VD$_1$ 优先导通，则输出 $U_F \approx +3\text{V}$。当 VD$_1$ 导通后，VD$_2$ 上承受反向电压而截止。在此电路中，VD$_1$ 起钳位作用，把输出端 F 的电位钳制在 $+3\text{V}$；VD$_2$ 起隔离作用，把输入端 B 和输出端 F 隔离开。

6．半导体器件型号命名方法

半导体器件的型号由 5 个部分组成，如图 1-14 所示。如 2AP9，"2" 表示电极数为 2，"A" 表示 N 型锗材料，"P" 表示普通管，"9" 表示序号（摘自国家标准 GB/T249—1989）。详细内容，参见附录一。

用字母表示规格号

用数字表示序号

用字母表示类型

用字母表示材料和极性

用数字表示电极数

图 1-13　二极管钳位电路　　　　　　图 1-14　半导体器件的型号组成

（三）三极管

1．三极管的基本知识

（1）三极管的结构和符号

三极管又称晶体管或双极性晶体管（Bipolar Junction Transistor，BJT）。它是通过一定的工艺将两个 PN 结结合在一起而构成的一种具有电流放大作用的半导体器件，其外形如图 1-15 所示。三极管分为 NPN 型和 PNP 型两种，其结构和电路符号如图 1-16 所示。由图 1-16 所示可知，两种类型的三极管都有 3 个区（发射区、基区和集电区），两个 PN 结（发射结和集电结），3 个电极（基极 B、发射极 E 和集电极 C），故称为"三极管"。

NPN 型和 PNP 型三极管电路符号的区别是发射极的箭头方向不同，如图 1-16 所示。按 PN 结的半导体材料可分为锗（Ge）管和硅（Si）管两种；按频率特性可分为高频管和低频管；按功率大小可分为大功率管、中功率管、小功率管等。

图 1-15　几种 BJT 的外形

（a）NPN型晶体管　　　　　　　　　　　　　　（b）PNP型晶体管

图 1-16　三极管的结构和符号

三极管的特点：基区很薄（一般仅有 1 微米到几十个微米厚），掺杂浓度最低、发射区掺杂浓度很高、集电区的面积最大。

（2）三极管的 3 种连接方式

三极管的主要特点是具有电流放大作用，可以利用它组成所谓"放大器"。放大器是一个四端网络，因三极管只有 3 个电极，要组成四端网络，必须有一个公共端，故根据公共端不同，三极管有 3 种不同接法，根据所使用的公共端不同，三极管放大器分为共基极电路、共发射极电路和共集电极电路。无论哪种电路，都可将四端网络看成输入回路和输出回路，电路中都会形成基极电流 I_B，发射极电流 I_E 和集电极电流 I_C，如图 1-17 所示。常用的是共发射极电路，本节只研究该电路。

三极管的电流传输关系

（a）共基极电路　　　　　　（b）共发射极电路　　　　　　（c）共集电极电路

图 1-17　BJT 的 3 种连接方式

（3）三极管电流放大原理

为了定量了解三极管的电流分配关系和放大原理，下面以图 1-18 所示电路进行实验。

① 三极管放大电路的偏置电压。实验时，加电源 U_{BB}，让发射结正偏，加一个集电结电源 U_{CC}，且 $U_{CC} > U_{BB}$，使得集电结反偏，来保证为满足三极管放大电路实现电流放大而提供偏置电源。

② 三极管放大电路的电流分配。通过改变电阻 R_B，让基极电流 I_B 在不同的情况下测得集电极电流 I_C 和发射极电流 I_E 都不一样，表 1-1 所示为一组实验所得数据。

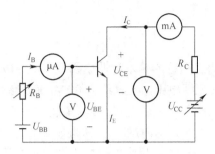

图 1-18 测试三极管电流分配及放大作用的实验电路

表 1-1 实验数据

$I_B/\mu A$	0	0.02	0.04	0.06	0.08	0.10
I_C/mA	<0.001	0.7	1.50	2.30	3.10	3.95
I_E/mA	<0.001	0.72	1.54	2.36	3.18	4.05

分析表 1-1 所示所得数据，可有如下结论。

a．三电极电流关系：$I_E = I_B + I_C$；

b．$I_C \gg I_B$，$I_C \approx I_E$；

c．$\Delta I_C \gg \Delta I_B$，$\Delta I_C/\Delta I_B = \beta$（$\beta$ 为常数，为三极管的电流放大倍数）。

③ 三极管放大电路的直流电流放大原理。图 1-18 所示的共发射极放大电路的基极输入电流 I_B，输出回路中的电流 I_C 和 I_E 都是直流电流，下面讨论直流放大原理。

由表 1-1 所示实验数据可以看出，I_C 和 I_B 的比值是一常数，这里用 $\overline{\beta}$ 表示，即

$$\overline{\beta} = I_C/I_B$$

$\overline{\beta}$ 表示输出集电极直流电流 I_C 比输入的基极直流电流 I_B 放大了 $\overline{\beta}$ 倍，因此 $\overline{\beta}$ 称为直流放大系数。

④ 交流放大作用。由电流放大实验数据可知，基极电流的微小变化（用 ΔI_B 表示），能引起集电极 I_C 电流发生很大变化，用 ΔI_C 表示。ΔI_B 与 ΔI_C 之间的变化也可以用比例式表示，即

$$\beta = \Delta I_C/\Delta I_B$$

这种 ΔI_B 与 ΔI_C 之间的变化是表示交变电流之间的变化，因此 β 称为交流放大系数。β 与 $\overline{\beta}$ 是表示三极管放大电路的特性参数，是表示三极管的主要特征参数，一般三极管的 $\overline{\beta} \approx \beta$，可通用。

2．三极管的伏安特性曲线

（1）三极管的伏安特性曲线

为了描述三极管的工作状态，即电流放大特性，常根据共发射极放大电路，分别将输入和输出回路的伏安特性变化绘成曲线，即为三极管的伏安特性曲线。不同类型与型号的三极管的伏安特性曲线不同，生产厂家将特性曲线及特征参数以手册的形式提供，供设计者和使用者查阅。

（2）输入伏安特性曲线

当集电极电压 U_{CE} 一定时，基极电流 I_B 与基极电压 U_{BE} 的关系为

$$I_B=f(U_{BE})\big|_{U_{CE}=常数}$$

由此关系画出的曲线称为三极管的输入特性曲线，如图 1-19（a）所示。由曲线可知，U_{BE} 有一段死区电压，硅管约为 0.5V，锗管约 0.1V，这时基极电流为 $I_B=0$，此时三极管处于截止状态。若 U_{BE} 大于死区电压，当发射结导通后，U_{BE} 的变化很小，这时的 U_{BE} 称为导通电压，硅管为 0.6～0.8V，锗管为 0.2～0.3V。当 U_{CE} 增大时，特性曲线将右移，但当 $U_{CE}>2V$ 后，特性曲线基本不变而趋于重合。

三极管的输入特性曲线

（3）输出特性曲线

当基极电流 I_B 为一定时，集电极电流 I_C 与集电极电压 U_{CE} 的关系曲线，称为输出特性曲线，如图 1-19（b）所示。其函数式为

$$I_C=f(U_{CE})\big|_{I_B=常数}$$

（a）输入特性曲线　　　　　（b）输出特性曲线

图 1-19　三极管共射极电路的特性曲线

由特性曲线可知，三极管的输出特性曲线可以划分为 3 个工作区域，即放大区、饱和区和截止区，下面分别讨论这 3 个区的工作特性。

三极管的输出特性曲线

① 放大区。$I_B>0$ 和 $U_{CE}>1V$ 的曲线平坦区域为放大区，此时发射结正偏，集电结反偏（对于 NPN 型管，$U_C>U_B$、$U_B>U_E$；对于 PNP 型管，$U_C<U_B$、$U_B<U_E$）。在这个区域，I_C 仅决定于 I_B，与 U_{CE} 无关，这时

$$I_B>0,\ I_C=\beta I_B,\ U_{CE}=U_{CC}-I_CR_C$$

由分析可知，这时三极管具有电流放大作用，处于放大工作状态。

② 饱和区。I_{CE} 随 U_{CE} 增大的区域为饱和区。饱和时，C-E 间压降很小，称为饱和压降，记为 U_{CES}（此值基本为常量，硅管约为 0.3V，锗管约为 0.1V），此时发射结和集电结均正偏，$U_{CE}=U_{CES}$，很小。此时 I_C 不受 I_B 控制，I_C 不再随 I_B 的增大而增大，而是由外电路决定。

由分析可知，这时三极管失去电流放大作用，处于饱和工作状态，C-E 之间相当于一个接通的开关。

③ 截止区。在 $I_B=0$ 这条特性曲线以下的区域为截止区，此时发射结和集电结均反偏。这时

$$I_B\approx0,\ I_C\approx0,\ U_{CE}=U_{CC}-I_CR_C。$$

由分析可知，这时三极管处于截止状态，失去电流放大作用，C-E 间相当于断开的开关。

综上所述，三极管可工作在 3 种状态，若应用于电流放大时，应工作在放大区；若作开关使用时，应工作在饱和区和截止区。

3．主要参数

（1）共射极电流放大倍数 β

$\beta = \Delta I_C / \Delta I_B \big|_{U_{CE}=常数}$，它是用来衡量电流放大能力的。由于三极管的制作工艺和导体材料的不同，即使同一型号三极管的 β 差别也较大，一般小功率三极管的 β 值为 20～50。β 值越大，管子稳定性越差；β 值越小，电流放大能力越差。

（2）穿透电流 I_{CEO}

I_{CEO} 是基极开路时，集-射间的电流，其值的大小受温度影响较大，该电流值越小，三极管的质量越好。

（3）集电极最大允许电流 I_{CM}

I_{CM} 是三极管工作电流 I_C 允许的最大极限值。若 I_C 超过 I_{CM} 值，则三极管可能会损坏。

（4）集电极-发射极反向击穿电压 U_{CEO}

U_{CEO} 是基极开路加压集-射之间的最大允许电压值。三极管的工作电压 U_{CE} 应小于此值，否则会击穿。

（5）集电极最大允许耗散功率 P_{CM}

P_{CM} 表示集电结上允许损耗功率的最大值。集电极功率损耗超过 P_{CM} 就会使管子性能变坏或烧毁。P_{CM} 的大小与散热条件有关，加散热片，可以提高 P_{CM} 的值。

了解元器件的参数，主要是为了保证元器件安全工作，图 1-20 所示为一个三极管的安全工作区域。

图 1-20　三极管的安全工作区

三、项目实施

任务一　二极管的测量

1．实施要求

（1）使用万用表判断二极管的极性。

（2）使用万用表检测二极管的好坏。

2．实施步骤

（1）二极管的极性识别

① 从外观上识别

如图 1-21 所示，二极管的正、负极一般都在外形上标出，有的直接标注了二极管的图形符号，可以直接判断其正、负极，有的二极管在负极端标有色点。比较常用的普通二极管是在负极端用标注环标出负极。

图 1-21　二极管的外观

② 使用万用表判断

用万用表的 $R×100Ω$ 挡或 $R×1kΩ$ 挡可判断二极管的极性。将红、黑表笔分别同时搭接二极管的两个引脚，观察万用表指针的偏转情况；然后对调表笔，重新测量，两次测量中，指针偏转大的一次，黑表笔所接的引脚是二极管的正极，红表笔所接的引脚是二极管的负极。

二极管的管脚识别及性能测试

（2）二极管的检测

使用万用表除了可以判断二极管的极性外，还可以检测二极管的好坏。

使用万用表的 $R×100Ω$ 挡，将表笔分别任意接二极管的正、负极，先读出一电阻值；然后交换表笔再测一次，又测得一电阻值。其中阻值小的一次为正向电阻，阻值大的一次为反向电阻。对于硅材料的二极管，正常情况下的正向阻值应为几千欧，反向电阻接近∞。

二极管的测试

正、反向阻值相差越多表明二极管的性能越好。如果正、反向阻值相差不大，则不宜选用该二极管；如果测得的正向电阻太大，也表明二极管性能变差，若正向阻值为∞，表明二极管已经开路；若测得的反向电阻很小，甚至为零，说明二极管已击穿。

使用万用表进行二极管检测时应选用 $R×100Ω$ 或 $R×1kΩ$ 挡，不宜用 $R×1Ω$、$R×10Ω$ 或 $R×10kΩ$ 挡。因为 $R×1Ω$、$R×10Ω$ 挡电流较大，$R×10kΩ$ 挡电压较高，都容易造成管子损坏。

任务二　晶体管的简易测试

1．实施要求

① 用万用表判断二极管的极性。

② 用万用表检测三极管的电极和参数。

2．实施步骤

万用表正端（+）的表笔（红笔）对应于表内电池的负极，而负端（−）的表笔（黑笔）对应于电池的正极。

（1）用万用表判断二极管的极性

① 先将万用表拨到欧姆挡的 $R×100Ω$ 或 $R×1kΩ$ 挡，然后将黑笔接二极管的一个极，红笔接另一极，若万用表指示的电阻比较小（通常为 $100Ω \sim 200Ω$），而将红黑表笔对调后，万

用表指示的电阻比较大（通常约几百 kΩ）则说明二极管是好的。

② 如果正反向电阻均为无穷大，则表明二极管内部断路；如果正反向电阻均为零，则表明二极管内部短路；如果正反向电阻值接近，则表明二极管性能严重恶化。

（2）用万用表检测三极管的电极和参数

用万用表的欧姆挡可判断出三极管的 3 个电极并检测出一些参数。

① 判断基极 B 和晶体管类型。将万用表拨到 $R \times 100\Omega$ 或 $R \times 1\mathrm{k}\Omega$ 挡，这时，若将黑表笔接到某一假定基极 B 管脚上，红笔先后接到另两个管脚上，如果两次测得的电阻都很大（或都很小），而对换表笔后，测得的电阻都很小（或都很大），可确定所作的假设是正确的。如果两次测得的电阻值为一大一小，则可确定所作的假设是错误的。这时，再重新假定一脚为基极 B，重复上述的测试。

基极确定后，将黑表笔接基极，红表笔分别接其他两极，如果测得的电阻值较小，则此晶体三极管是 NPN 型的；反之为 PNP 型的。

② 判断集电极 C 和发射极 E。已知三极管为 NPN 型管，将黑表笔接假设的 C 极，红笔接假设的 E 极，并用手指碰到 C、B 两极（不能使 C、B 直接接触）。通过人体，相当于在 C、B 之间接入偏置电阻。读出 C、E 间的电阻值，如图 1-22（a）所示，然后将红、黑表笔反接，并与前一次的读数比较。如果第一次阻值小，则原来的假定是正确的，即黑表笔接的为 C 极，红表笔接的为 E 极。因为 E、C 间电阻较小，说明通过万用表的电流较大，偏置正确。同理，若三极管为 PNP 型管，将黑表笔接假设的 E 极，红笔接假设的 C 极，并用手指碰到 C、B 极（但不能使 C、B 直接接触），如图 1-22（b）所示。读出 E、C 间的电阻值，然后将红、黑两表笔反接，并与前一次的值比较。如果第一次阻值小，则原来的假定是正确的，即黑表笔接的为 E 极，红表笔接的为 C 极。

（a）NPN 型晶体管的测量电路　　　　（b）PNP 型晶体管的测量电路

图 1-22　三极管判别 E、C 电极电路

③ 检测穿透电流 I_{CEO} 的大小。用万用表测穿透电流 I_{CEO} 的连接方法为，将基极 B 开路，测量 C、E 极间的电阻，若为 NPN 管，则黑表笔接 C 极，红表笔接 E 极；若为 PNP 管，则黑表笔接 E 极，红表笔接 C 极，如电阻值较大（例如 kΩ），则说明穿透电流 I_{CEO} 较小，管子能正常工作。

④ 检测电流放大系数 β 的大小。用万用表检测三极管的电流放大系数 β 的连接方法为：在 B、C 之间接入人体电阻或 100kΩ 电阻，测 C、E 间的电阻值，若人体电阻或 100kΩ 电阻接入前、后两次测得的电阻相差越大，则 β 越大。这种方法一般适用于检测小功率管的 β 值。

⑤ 判别三极管的制造材料。对于 NPN 型管，黑表笔接 B 极，红表笔接 C 极或 E 极，若表针位置在表盘中间偏右一点的地方，则所测管为硅管；若表针位置在欧姆刻度线零偏左一点的地方，则为锗管。对于 PNP 型管，红表笔接 B 极，黑表笔接 C 或 E 极，表针位置在表盘中间偏右一点的地方，则所测的管子为硅管；若表针位置在欧姆路线零位偏右一点地方，则为锗管。

（3）三极管的特性曲线实验测试

三极管传输特性曲线的测试，可按图 1-18 所示自行设计电路的参数并连接电路，调整 R_B，改变 I_B 的电流，测量 U_{BE}、U_{CC} 和 I_C，利用 I_B、U_{CC} 和 I_C 画出三极管的传输特性曲线。

 注 意

① 万用表的黑表笔为表内电池的正极，红表笔为表内电池的负极，切勿与表面上所标的极性符号相混淆。

② 万用表在测量电阻前要进行调零。方法：两表短接，调节调零旋钮，使表针指示欧姆刻度线的零位，以确保测量精度（即准确性）。

③ 三极管是非线性元件，用万用表测出的阻值与表的型号、挡位有关，没有准确读数。

④ 在不知管子的型号的情况下，一般都不用 $R \times 1\Omega$ 挡或 $R \times 10\Omega$ 挡，以免引起判断极性错误。但对于一些大功率的三极管，由于电流大，故可选 $R \times 10\Omega$ 挡。在判断 C、E 极，检查 I_{CEO}、β 的大小时，若测量值不明显，可选用 $R \times 1k\Omega$ 挡进行测量。（有些表没有 $R \times 10k\Omega$ 挡，可选用 $R \times 1k\Omega$ 挡）。判断管子的硅、锗用 $R \times 100\Omega$ 挡或 $R \times 1k\Omega$ 挡。

（4）在路检测二极管、三极管、稳压管的好坏

因为在实际电路中，三极管的偏置电阻或二极管、稳压管的周边电阻一般都比较大，大都在几百几千欧姆以上，因此，我们可以用万用表的 $R \times 10\Omega$ 或 $R \times 1\Omega$ 挡来在路检测 PN 结的好坏。在路测量时，用 $R \times 10\Omega$ 挡测 PN 结应有较明显的正反向特性（如果正反向电阻相差不太明显，可改用 $R \times 1\Omega$ 挡来测），一般正向电阻在 $R \times 10\Omega$ 挡测时，表针应指示在 200Ω 左右，在 $R \times 1\Omega$ 挡测时，表针应指示在 30Ω 左右（根据不同表型可能略有出入）。如果测量出来的正向阻值太大或反向阻值太小，都说明这个 PN 结有问题，这个管子也就有问题了。这种方法对于维修时特别有效，可以非常快速地找出坏管，甚至可以测出尚未完全坏掉但特性变坏的管子。例如，当用小阻值挡测量某个 PN 结正向电阻过大，如果把它焊下来用常用的 $R \times 1k\Omega$ 挡再测，可能还是正常的，其实这个管子的特性已经变坏了，不能正常工作或不稳定了。

（5）测稳压二极管

我们通常所用到的稳压管的稳压值一般都大于 1.5V，而指针式万用表的 $R \times 1k\Omega$ 以下的电阻挡是用表内的 1.5V 电池供电的，这样，用 $R \times 1k\Omega$ 以下的电阻挡测量稳压管就如同测二极管一样，具有完全的单向导电性。但指针式万用表的 $R \times 10k\Omega$ 挡是用 9V 或 15V 电池供电的，在用 $R \times 10k\Omega$ 挡测稳压值小于 9V 或 15V 的稳压管时，反向阻值就不会是 ∞，而是有一定阻值，但这个阻值还是要大大高于稳压管的正向阻值的。如此，我们就可以初步估测出稳压管的好坏。但是，好的稳压管还要有个准确的稳压值，业余条件下怎么估测出这个稳压值呢？不难，再去找一块指针式万用表来就可以了。

方法：先将一块表置于 $R \times 10k\Omega$ 挡，其黑、红表笔分别接稳压管的阴极和阳极，这时就

模拟出稳压管的实际工作状态，再取另一块表置于电压挡 V×10V 或 V×50V（根据稳压值）上，将红、黑表笔分别搭接到刚才那块表的的黑、红表笔上，这时测出的电压值就基本上是这个稳压管的稳压值了。说"基本上"，是因为第一块表对稳压管的偏置电流相对正常使用时的偏置电流稍小些，所以测出的稳压值会稍偏大一点，但基本相差不大。这个方法只可估测稳压值小于指针式万用表高压电池电压的稳压管。如果稳压管的稳压值太高，就只能用外加电源的方法来测量了（这样看来，我们在选用指针式万用表时，选用高压电池电压为 15V 的要比 9V 的更适用些）。

（6）测三极管

通常我们要用 $R×1kΩ$ 挡，不管是 NPN 管还是 PNP 管，也不管是小功率、中功率还是大功率管，测其 BE 结、CB 结都应呈现出与二极管完全相同的单向导电性，反向电阻无穷大，正向电阻在 $10kΩ$ 左右。为进一步估测管子特性的好坏，必要时还应变换电阻挡位进行多次测量。方法：置 $R×10Ω$ 挡测 PN 结正向导通电阻都在 $200Ω$ 左右；置 $R×1Ω$ 挡测 PN 结正向导通电阻都在 $30Ω$ 左右（以上为 47 型表测得的数据，其他型号表大概略有不同，可多试测几个好管总结一下，做到心中有数），如果读数偏大太多，可以断定管子的特性不好。还可将表置于 $R×10kΩ$ 挡再测，耐压再低的管子（基本上三极管的耐压都在 30V 以上），其 CB 结反向电阻也应在 ∞，但其 BE 结的反向电阻可能会有些，表针会稍有偏转（一般不会超过满量程的 1/3，根据管子的耐压不同而不同）。同样，在用 $R×10kΩ$ 挡测 EC 间（对 NPN 管）或 CE 间（对 PNP 管）的电阻时，表针可能略有偏转，但这不表示管子是坏的。但在用 $R×1kΩ$ 以下挡测 CE 或 EC 间电阻时，表头指示应为无穷大，否则管子就有问题。应该说明一点的是，以上测量是针对硅管而言的，对锗管不适用，不过现在锗管也很少见了；另外，所说的"反向"是针对 PN 结而言，对 NPN 管和 PNP 管方向实际上是不同的。

对于常见的进口型号的大功率塑封管，其 C 极基本都是在中间。中、小功率管有的 B 极可能在中间。例如，常用的 9014 三极管及其系列的其他型号三极管、2SC1815、2N5401、2N5551 等三极管，其 B 极有的就在中间，当然它们也有 C 极在中间的。所以在维修更换三极管时，尤其是这些小功率三极管，不可拿来就按原样直接安上，一定要先测一下。

四、拓展知识

电子技术的不断发展，对电子元器件的要求也越来越高，于是电子元器件也在不断发展和更新。在项目中只用二极管和三极管等器件的相关项目来引导读者学习电子元器件，在这些的基础上，读者可以根据自己的知识结构需要，拓展学习特殊二极管、场效应管、晶闸管以及集成电路（模拟集成电路和数字集成电路）模块，以便将自身的电子技术知识系统化，进一步加深对电子技术的综合应用能力。

稳压二极管

（一）特殊用途的二极管

1. 稳压二极管

这里的稳压是指输入电压 U_i 和负载电流 I_R 变化时，输出电压 U_o 保持稳压不变，如

图 1-23 所示，这称为直流电压的稳压。

（1）二极管的稳压功能

稳压二极管实际上是一种面接触型硅二极管，简称稳压管，其伏安特性曲线及符号如图 1-24 所示。和普通二极管相似，当它工作在反向击穿区时，工作电流在很大范围内变化而二极管两端的电压几乎不变，这就是二极管实现直流稳压功能的特点。稳压二极管是在普通二极管的基础上将 PN 结做成面接触型（即 P 与 N 的接触面变大），工作时让二极管工作在反向击穿区，而控制工作电流在不损坏 PN 结的允许范围内，取反向击穿电压直流电输出，稳定电压。稳压二极管的参数有两个：一个是最大稳压电流，即输出稳压电压时允许的工作电流；另一个是稳定电压，即二极管反向击穿时二极管两端的电压值。

图 1-23　稳压示意图

(a) 稳压管的伏安特性　　(b) 稳压管的符号

图 1-24　稳压管的伏安特性及符号

（2）稳压二极管的应用

为了和普通二极管区别，稳压二极管的电路符号采用图 1-24（b）所示的形式。应用时，和普通二极管也有不同：①稳压二极管的正极接低电位，负极接高电位，保证其工作在反向击穿区；②为防止稳压管的工作电流超过其最大稳定电流 I_{Zmax} 而引起管子破坏性击穿，应串接限流电阻 R；③稳压管不能并联使用，以免因稳定值不同造成管子电流不均而过载损坏。其应用电路如图 1-25 所示。

例 1.1　在图 1-25 所示的稳压管稳压电路中，已知输入电压 $U_i = 10V$ 稳压管的稳定电压 $U_Z = 6V$，最小稳定电流 $I_{Zmin} = 4mA$，最大稳定电流 $I_{Zmax} = 24mA$，负载电阻 $R_L = 600\Omega$。求解限流电阻 R 的取值范围。

解：从图 1-25 所示电路可知，电阻 R 上电流 I_R 等于稳压管电流 I_{DZ} 和负载电流 I_L 之和，即 $I_R = I_{DZ} + I_L$。其中，$I_{DZ} = (4 \sim 24)(mA)$，$I_L = U_Z / R_L = 6/600 = 0.01A = 10(mA)$，所以，$I_R = (14 \sim 34)(mA)$。$R$ 上电压 $U_R = U_i - U_Z = (10 - 6) = 4(V)$，因此

$$R_{max} = \frac{U_R}{I_{Rmin}} = \frac{4}{14 \times 10^{-3}} \approx 286(\Omega)$$

$$R_{min} = \frac{U_R}{I_{Rmax}} = \frac{4}{34 \times 10^{-3}} \approx 117(\Omega)$$

故限流电阻 R 的取值范围为 117~286Ω。

2．发光二极管

发光二极管（LED），是一种将电能转化为光能的发光器件（电路符号见图 1-26（a））。它的内部也是由 PN 结构成的，它也具有单向导电性，只是它由特殊工艺做成的，在给它加正向电压时能发出一定波长的光，如图 1-26（a）所示，它的正向工作电流为 10～30mA，正向导通电压为 1.5～3V。

图 1-25　稳压管稳压电路

（a）发光二极管电路符号　（b）光电二极管电路符号

图 1-26　发光二极管与光电二极管电路符号

3．光电二极管

光电二极管又叫做光敏二极管，是利用半导体的光敏特性制成的。当光线照射 PN 结时，其反向电流随光照强度的增大而增大，因此可用光电二极管作光控元件，将光能转化为电能，它的电路符号如图 1-26（b）所示。

（二）场效应管

场效应管（Field Effect Transistor，FET）是一种电压控制型器件。在工作过程中，只有一种载流子参与导电。因此，它是单极型晶体管。根据结构和工作原理的不同，FET 可以分为两类：一类是绝缘栅型场效应管，另一类是结型场效应管。由于 FET 具有制造工艺简单、输入阻抗高、功耗低、便于集成、受温度影响小等众多优点，因此，它得到了广泛应用。

1．绝缘栅型场效应管

绝缘栅型场效应管有若干种类型，应用最广泛的是以二氧化硅（SiO_2）作为栅极与半导体材料间的绝缘层的 FET，简称 MOS FET 或称 MOS 管。MOS 管按照所使用的半导体材料的极性不同，有 N 沟道和 P 沟道两种，分别称为 NMOS 管和 PMOS 管，每一种还有增强型和耗尽型之分。下面以增强型 MOS 管为例，介绍绝缘栅型场效应原理及伏安特性。

（1）基本结构

图 1-27 所示为 N 沟道增强型绝缘栅型场效应管的结构和符号。用一块低杂质浓 P 型膜片作衬底，在上面扩散两块高杂质浓度的 N^+ 区，分别引入电极作为源极 S 和漏极 D，并在硅片表面生成一层薄薄的二氧

图 1-27　N 沟道增强型场效应管的结构和符号

化硅绝缘层，衬底与源极相连接。从图 1-27 中可以看到栅极与其他电极及硅片之间是绝缘的，这样制得的场效应管就为绝缘栅型场效应管（IGFET）。

（2）工作原理

首先，门极-源极间电压为 0（$U_{GS}=0$）时。在此状态下，漏极-源极间电压 U_{DS} 从 0 增加，

漏电流 I_D 几乎与 U_{DS} 成比例增加，将此区域称为非饱和区。U_{DS} 达到某值以后，漏电流 I_D 的变化变小，几乎达到一定值，此时的 I_D 称为饱和漏电流（有时也称漏电流，用 I_{DSS} 表示），与此 I_{DSS} 对应的 U_{DS} 称为夹断电压 U_P，此区域称为饱和区。

其次，在漏极-源极间加一定的电压 U_{DS}（例如 0.8V），U_{GS} 从 0 开始向负方向增加，I_D 的值从 I_{DSS} 开始慢慢地减小，对某 U_{GS} 值 $I_D=0$，将此时的 U_{GS} 称为门极-源极间遮断电压或者截止电压，用 $U_{GS(off)}$ 表示。N 沟道 JFET 的情况下 $U_{GS(off)}$ 值带有负的符号，测量实际的 JFET 对应 $I_D=0$ 的 U_{GS}，因为很困难，所以在放大器使用的小信号 JFET 时，将达到 $I_D=0.1\sim10\mu A$ 的 U_{GS} 定义为 $U_{GS(off)}$ 的情况多些。

场效应管的特性曲线有转移特性和输出特性两组，图 1-28 所示为增强型 NMOS 管特性曲线。转移特性表征了在一定的 U_{DS} 下，I_D 与 U_{GS} 之间的关系。

（a）漏极特性曲线　　　（b）转移特性曲线

图 1-28　增强型 NMOS 管的特性曲线

图 1-28（b）所示为栅源电压 U_{GS} 对漏极电流 I_D 的控制作用的体现。输出特性又称漏极特性，表征了在一定的 U_{GS} 下，输出电流 I_D 与输出电压 U_{DS} 的关系，增强型 NMOS 管的输出特性可分为线性区、饱和区和夹断区 3 部分，如图 1-28（a）所示。在曲线图中虚线左侧部分 U_{DS} 较低，I_D 随 U_{DS} 线性变化，故称线性区。改变 U_{GS} 可改变导电沟道的宽度，即改变其导通电阻的大小，体现在特性曲线上为改变曲线的斜率。这时管子漏源两极之间

结型场效应管的结构

可看成一个由电压 U_{GS} 控制的可变电阻，故线性区也称可变电阻区。在虚线右侧部分是恒流区，即称饱和区。在饱和区内，在一定的 U_{DS} 下，I_D 几乎不随 U_{DS} 变化，其值达到饱和恒定，曲线平坦，I_D 只随 U_{GS} 改变，U_{GS} 增大，I_D 上升，曲线上移。恒流区也就是场效应管的放大区。在曲线的下部，在 $U_{GS}<U_{GS(th)}$ 的区域内，由于 N 沟道被夹断，$I_D\approx0$，故为夹断区，或截止区。

另外，常用的还有 N 沟道耗尽型绝缘栅场效应管（耗尽型 NMOS 管）、P 沟道绝缘栅场效应管（PMOS 管），我们不再一一分析。

2．结型场效应管

在一块 N 型半异体材料的两侧，形成两个高浓度 P 型区，就产生了两个耗尽区（PN 结）。而 N 型半异体的中间就是导电的通道，称为 N 沟道；将两个 P 型区连接在一起，引出电极——栅级 G，而在 N 型半导体两端分别引出电极——源极 S 和漏极 D，于是就形成了 N 沟道结型场效应管（JFET）。

沟道的左右两侧与栅极分别形成 PN 结，它们始终处于反向偏置状态。改变反向偏置电压大小，就可以改变耗尽区的宽度，从而改变导电沟道的宽度和沟道内电流的大小，这就是利用电压所产生的电场效应对输出电流的控制作用。此外，结型场效应管放大工作时，栅源间 PN 结始终是反向偏置的，所以 $I_G=0$，信号源基本上不提供电流，管子的输入电阻可高达 $10^7\Omega$，表现出控制信号能量消耗很小的优点。

结型场效应管的
工作原理

比较结型和绝缘栅型两种场效应管，它们都是以栅源电压来控制漏极电流的，但控制的方法有所不同。结型管通过改变栅源电压改变耗尽区的宽窄，从而改变导电沟道的宽窄，达到漏极电流 I_D 的目的；而绝缘栅型管则是通过改变沟道的宽窄，来达到控制 I_D 的目的。绝缘栅型管较结型管输入电阻更高，也便于高度集成。

结型场效应管的特性
曲线

3．场效应管的主要参数及使用注意事项

（1）主要参数

① 直流参数。

a．夹断电压 $U_{GSA(off)}$：当 U_{DS} 为某一定值时，使 I_D 为某微小电流（50μA），栅极上所加偏置压 U_{GS} 的值就是夹断电压 $U_{GSA(off)}$。

b．开启电压 $U_{GS(th)}$：当 U_{DS} 为某一定值时，能产生 I_D 所需要的最小的 U_{GS} 值。

c．饱和漏极电流 I_{DSS}：耗尽场效应管在 $U_{GS}=0$ 的条件下，管子预夹断时的漏极电流。

d．直流输入电阻 R_{CS}：栅-源电压与栅极电流的比值。

② 交流参数。这里主要介绍常用的低频跨导 g_m。它是表征 U_{GS} 对 I_D 的控制能力大小的参数，其意义为：在 U_{DS} 为某一定值的条件下，I_D 的微小变化量与引起的 U_{GS} 的微小变化量的比值。g_m 的单位是西门子（S），它是衡量放大作用的重要参数。

③ 极限参数。最大漏极电流 I_{DM}、耗散功率 P_{DM}、漏源击穿电压 $U_{(BR)DS}$ 及栅源击穿电压 $U_{(BR)GS}$ 4 种极限参数。使用时应注意不得超过极限参数，且留有一定余量。

（2）场效应管的使用注意事项

① 使用时应注意不要超越各极限参数的限制。

② 对于 MOS 管，由于其输入电阻很大，又极易感应电荷，感应电荷后若无放电回路，很容易将绝缘层击穿而损坏，所以，任何情况下都要特别注意不要使 MOS 管的栅极悬空。工作时使栅-源之间绝对保持直流通路；存放时应将 3 个电极短路。

③ 焊接场效应管时，电烙铁应良好接地，不能漏电，或焊接时先拔下电源插头。

④ 对于结型场效应管，使用时应注意栅-源电压 U_{GS} 的极性不能接反（保证 PN 结反偏），否则，较高的正偏电压可能烧坏 PN 结。

⑤ 4 个引脚的场效应管，其衬底（B 脚）应良好接地。场效应管使用时应避免靠近热源。

｜小　　结｜

1．半导体材料中有两种载流子，即带负电荷的电子和带正电荷的空穴。空穴是半导体不同于金属的重要特点。在纯净的半导体中掺入不同种类的杂质元素，可以分别得到 P 型半导

体和 N 型半导体。

2．采用一定的工艺措施，使 P 型半导体和 N 型半导体结合在一起，就形成了 PN 结。PN 结的基本特点是具有单向导电性。PN 结两端的电压与流过 PN 结的电流之间的关系可以用 PN 结的伏安特性来描述。如果 PN 结外加的反向电压大到一定程度，将会反向击穿 PN 结。

3．半导体二极管是由 PN 结构成的。二极管的伏安特性与 PN 结大体相似但又不尽相同。二极管的特性和性能可以用其伏安特性与系列参数来描述。在研究二极管构成的电路时，可以根据不同情况使用不同的二极管模型进行电路分析。

4．BJT 是由两个 PN 结构成的三端器件。工作时，有两种载流子参与导电，称为双极性晶体管。BJT 是一种电流控制电流型的器件，改变基极电流就可以控制集电极电流。在一定条件下，集电极电流与基极电流满足线性放大的关系，这是 BJT 放大电路的物理基础。

5．BJT 的特性主要用输入特性曲线和输出特性曲线来描述，其性能可以用一系列参数来表征。在输出特性曲线上可以看出，BJT 有 3 个工作区：饱和区、放大区和截止区。

6．FET 分为 JFET 和 MOSFET 两种。工作时，只有一种载流子参与导电。FET 是一种电压控制电流型器件。改变其栅源电压就可以改变其漏极电流，在一定条件下，它们之间是一种线性放大关系。

7．表征 FET 特性的曲线主要有转移特性曲线和输出特性曲线，其中最重要的是输出特性曲线。FET 的特性和性能可以用一系列参数来加以描述。

习题及思考题

1．名词解释

本征半导体　本征激发　电子-空穴对　P（N）型半导体　空间电荷区　耗尽层　势垒区 PN 结　扩散运动　漂移运动　正（反）偏　反向饱和电流

2．选择填空（只填①、②…字样）

（1）N 型半导体中多数载流子是_____；P 型半导体中少数载流子是_____。

① 空穴　　　　　　　　　　② 自由电子　　　　　　　　　③ 电子-空穴对

（2）本征半导体_____；P 型半导体_____；N 半导体_____。

① 带正电　　　　　　　　　② 带负电　　　　　　　　　　③ 呈中性

（3）PN 结中 P 区的电位_____N 区的电位（①高于；②低于；③等于）。其扩散电流的方向_____；漂移电流的方向_____（①由 N 区指向 P 区；②由 P 区指向 N 区）。

（4）PN 结外加正向电压时，其扩散电流_____漂移电流。

① 大于　　　　　　　　　　② 小于　　　　　　　　　　　③ 等于

（5）二极管的正向电阻_____；反向电阻_____（①小；②大）。用万用表 $R \times 100\text{k}\Omega$ 挡测得的正向电阻比用 $R \times 1\text{k}\Omega$ 挡测得的正向电阻_____（①大；②小；③相等）；其原因是_____（①加于二极管的电压不同；②流过二极管的电流不同；③二极管的工作点位置不同）。

（6）二极管的伏安特性反映了_____。

① I_D 与 U_D 之间的关系　　　②单向导电性　　　　　　　③非线性

3．简述 PN 结的形成及单向导电性。

4．二极管为什么能当"开关"使用？

5．选择填空（只填①、②…字样）

NPN 型三极管与 PNP 型三极管的主要区别是_____（①所用半导体材料不同；②所掺杂质元素不同；③P 区与 N 区的排列位置不同）。三极管工作在放大区时，发射结_____，集电结_____（①正偏；②反偏；③零偏）。

6．选择填空（只填①、②…字样）

（1）三极管是依靠_____导电来工作的_____器件；场效应管是依靠_____导电来工作的器件（①多数载流子；②少数载流子；③电子；④空穴；⑤多数载流子和少数载流子；⑥单极型；⑦双极型；⑧无极型）。

（2）三极管是_____；场效应是_____（①电压控制器件；②电流控制器件）。

（3）放大电路中的三极管应工作在_____；场效应工作在_____（①饱和区；②放大区；③截止区；④夹断区；⑤可变电阻区）。

7．电路如图 1-29 所示，已知 $u_i=5\sin\omega t(V)$，二极管导通电压 $U_D=0.7V$。试画出 u_i 与 u_o 的波形，并标出幅值。

8．图 1-30 电路中，设二极管 VD_1、VD_2 和 VD_3 均为理想二极管，$R=1k\Omega$，求输出电压 U_0 下各个二极管中的电流。

图 1-29　题 7 图

图 1-30　题 8 图

9．图 1-31 中，设 VD_1、VD_2 都是理想二极管，求流过电阻 R 的电流和它两端的电压。已知 $R=6k\Omega$，$U_1=6\ V$，$U_2=12\ V$。

10．图 1-32 中，设 VD_1、VD_2 均为理想二极管，直流电压 $U_1 > U_2$，u_i、u_o 是交流电压信号的瞬时值。试求：

（1）当 $u_i > U_1$ 时，u_o 的值；

（2）当 $u_i < U_2$ 时，u_o 的值。

图 1-31　题 9 图

图 1-32　题 10 图

11．在图 1-33 所示电路中，设 $U=5$ V，$u_i=10 \sin\omega t$（V），VD 为理想二极管，试画出电压 u_o 的波形。

12．已知两个稳压管 VD_A 和 VD_B 的稳压值分别为 8.6 V 和 5.4 V，正向压降均为 0.6 V，设输入电压 u_i 和 R 均满足稳压要求。

（1）要得到 6 V 和 14 V 电压，试画出稳压电路；

（2）若将两个稳压管串联连接，可有几种形式？各自的输出电压是多少？

13．已知稳压管的稳定电压 $U_Z=6V$，稳定电流的最小值 $I_{Zmin}=5mA$，最大功耗 $P_{ZM}=150mW$。试求图 1-34 所示电路中电阻 R 的取值范围。

图 1-33　题 11 图

图 1-34　题 13 图

14．已知两只晶体管的电流放大系数 β 分别为 50 和 100，现测得放大电路中这两只晶体管两个电极的电流如图 1-35 所示。分别求另一电极的电流，标出其实际方向，并在圆圈中画出晶体管。

15．放大电路如图 1-36 所示，三极管的 $\beta=50$，$R_C=1.5k\Omega$，$U_{BE}=0.6V$。

（1）为使电路在 $R_P=0$ 时，三极管刚好进入饱和状态（饱和压降 $U_{CES}=0$），求电阻 R 的值；

（2）若 R_P 的滑动端因接触不良而断路，此时测得 $U_{CE}=7.5V$，求 R_P 的大小。

图 1-35　题 14 图

图 1-36　题 15 图

16．分别画出 NPN 型和 PNP 型三极管的电路模型符号，在图中注明 3 个电极的名称；画出用 NPN 型三极管接成共发射极电路形式的电路图，并在图中注明各极电流 I_C、I_E 和 I_B。

17．由三极管共发射极电路的输出特性曲线（见图 1-37）可知三极管分为哪 3 个区？说明每个区的各极电压与电流的变化关系和工作特点。放大倍数 β 是什么含意？若基极电流 I_B 为 0.05mA，放大倍数 β 为 50，问输出集电极电流 I_C 为多少？

图 1-37 三极管共发射极电路的输出特性曲线

项目二
基本测量仪表的使用

|一、项目分析|

随着电子技术的飞速发展，我国电子产品的制造和应用日渐广泛，这将使在工厂企业及科研院所中从事各种电子产品开发、生产、调试、维修的工程技术人员越来越多，电子测量仪器必然是他们日常工作中不可或缺的设备，所以，使工程技术人员正确掌握各种电子测量仪器的使用方法，将为科研、生产调试及维修工作带来更高的效率。

项目内容

本项目阐述了基本电子测量仪器仪表的工作原理与使用方向。内容包括测量用电子示波器、信号发生器、交流毫伏表等。在实验、实训中要使用众多的测量仪器，应查对测量仪器与电路及设备间连线是否正确，有无断线、短路或损坏情况，以便在实验、实训时能迅速找到测试点，读出正确数值，这些就是本项目培养学生的仪表测量能力的体现。

知识点

① 各种测量仪器的特点、分类和工作原理；
② 常用测量仪表（信号发生器、交流毫伏表、示波器等）的内部结构。

能力点

① 掌握信号发生器、示波器、毫伏表的正确使用方法；
② 熟练掌握直流稳压电源、信号发生器、示波器的使用方法；
③ 掌握利用信号发生器输出相应幅值和频率的波形的方法；
④ 掌握利用示波器测试信号发生器输出波形的特性参数的方法。

|二、相关知识|

电子射线示波器是常用的电子仪器之一，它可以将电压随时间的变化规律显示在荧光屏上，还可以显示两个相关的电学量之间的函数关系。示波器不仅可以显示电信号的波形，通过适当的换能装置，还可以显示非电信号的波形。信号的波形显示出来之后，就可以很直观地观察分析它们的变化规律，并测量它们的大小、频率、位相等参数。示波器是观察和测量电学量以及研究其他可转化为电压变化的非电学物理量的重要工具，广泛地应用在工业、科研、国防等领域。

示波器主要由示波管、扫描发生器、信号放大器、衰减器等组成。

1．示波管

示波管主要由电子枪、偏转系统和荧光屏 3 部分组成，基本结构如图 2-1 所示，其中灯丝、阴极、阳极构成电子枪。灯丝通电后呈炙热状态，它能使阴极受热而发射电子，由于阳极电势高于阴极，所以电子在阳极的加速作用下快速运动，当轰击到荧光屏上时，电子会使荧光物质发光，在屏上就能看到一个亮点。

偏转系统由两组互相垂直的电极板构成，图中 X_1、X_2 为水平偏转电极板，Y_1、Y_2 为垂直偏转电极板。若在 X_1、X_2 间加上电压，就会在水平方向上产生一个电场，电子束通过时受到电场的作用，运动方向会在水平方向发生偏移，从而引起荧光屏上亮点的位置发生偏移，其偏移距离与偏转电压大小成正比。这样，我们就可以通过改变偏转电压来控制亮点在荧光屏上的位置。

2．扫描发生器

将交流电压信号 $V = f(t)$ 加到 Y 偏转板上，X 偏转板由示波器内部加扫描电压，荧光屏上将显示一波形图，如图 2-2 所示。实际上，这波形图正是 $f(t)$ 函数曲线的一部分。在说明屏上图形形成的原理之前，回忆一个中学的实验。

图 2-1　示波管的结构

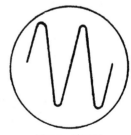

图 2-2　波形图

在中学物理课中，我们曾经做过演示振动图形的沙斗实验，它的装置如图 2-3 所示。图中 P 为硬纸板，能在 X 方向上作匀速直线运动；S 为沙斗，斗内装上细沙土，细沙能从斗的下端慢慢漏出，沙斗通过细绳连结在支架的 H 处，构成单摆。设此摆在与 X 轴垂直的 Y 方向上振动，P 在 X 方向匀速运动，那么在硬纸板上将有漏沙的径迹，即单摆的振动图线，这是一条正弦曲线。根据曲线和匀速运动的速率 V，不难求得振动周期（或频率）和振幅等物理量。

示波器屏上图形形成的原理和沙斗实验中纸板上漏沙径迹的道理相同。在示波器的 X 偏转板上，加上和时间成正比的锯齿形电压信号（见图 2-4），开始 X_1、X_2 间的电压为 $-E$，屏上光点被推到最左侧，以后 X_1、X_2 间的电压匀速增加（类似于沙斗实验中匀速推动纸板），屏上光点在沿 y 轴振动的同时，匀速向右移动，留下了亮的图线——亮点的径迹（相当于纸板上的沙的径迹）。当 X_1、X_2 间电压达最大值 $+E$ 时，亮点移到最右侧，与此同时，X_1、X_2 间的电压迅速下降到 $-E$，又将亮点移到最左侧，再重复上述过程。

图 2-3　沙斗实验

图 2-4　示波器屏上图形的形成原理

3．信号放大器和衰减器

示波管本身相当于一个多量程电压表，这一作用是靠信号放大器和衰减器实现的。由于示波管本身的 X 及 Y 轴偏转板的灵敏度不高（约 0.1~1mm/V），当加在偏转板的信号过小时，要预先将小的信号电压加以放大后再加到偏转板上。为此需设置 X 轴及 Y 轴电压放大器。衰减器的作用是使过大的输入信号电压变小以适应放大器的要求，否则放大器不能正常工作，使输入信号发生畸变，甚至使仪器受损。对一般示波器来说，X 轴和 Y 轴都设置有衰减器，以满足各种测量的需要。

｜三、项目实施｜

任务一　EM 系列函数发生器的使用

1．实施要求

① 学会使用函数发生器；

② 能根据给定的频率、幅度、波形要求，调试出相应的波形；

③ 了解 EM 系列函数发生器的内部结构。

2．实施步骤

EM 系列函数发生器能产生正弦波、方波、三角波、脉冲波、锯齿波等波形，频率范围宽，最高可达 5MHz，具有直流电平调节、占空比调节、VCF 功能，具有 TTL 电平、单次脉冲输出、输出频率数字显示、频率计可外测等优点，该系列函数发生器具有优良的幅频特性，方波上升时间小于或等于 50ns。下面对这种仪器的使用和内部结构做简单的介绍。

（1）EM 系列函数发生器的面板说明

EM 系列函数发生器的面板如图 2-5 所示。

图 2-5 EM 系列函数发生器的面板

① 电源开关（POWER），开关按入时通电。

② 功能开关（FUNCTION），波形选择。

　　～：正弦波；

　　Q：方波和脉冲波（占空比可变）；

　　N：三角波和锯齿波（占空比可变）。

③ 频率微调 FREQYAR，频率复盖范围 10 倍。

④ 分挡开关（RANGE－Hz），10Hz～2MHz，分 6 挡选择。

⑤ 衰减器 ATT，开关按入时衰减　30dB。

⑥ 幅度（AMPLITUDE），幅度可调。

⑦ 直流偏移调节（DC OFF SET）。

　　当开关按入时，直流电平为－10V～＋10V 连续可调；

　　当开关拉出时，直流电平为零。

⑧ 占空比调节（RAMP/PUISE）。

　　当开关拉出时，占空比为 50%；

　　当开关按入时，占空比在 10%～90% 间连续可调。

　　频率为指示值/10。

⑨ 输出（OUTPUT），波形输出端。

⑩ TTL 电平（TTLOUT），只有 TTL 电平输出端，峰峰值幅度 3.5V。

⑪ VCF，控制电压输入端。

⑫ IN PUT，外测频输入。

⑬ OUBIDE，测频方式（内/外）。

⑭ SPSS，单次脉冲开关。

⑮ OUT SPSS，单次脉冲输出。

（2）EM 系列函数发生器的使用步骤

① 将仪器接入 AC 电源，按下电源开关。

② 选波形：按下所需要波形的功能开关。

③ 调频率：按④分挡开关选择频率，旋转按钮③可进行频率微调。

④ 调幅度：旋转⑥调节幅度至需要的输出幅度。

⑤ 调占空比：若所选波形为脉冲波和锯齿波，需要调节占空比时，拉出并转动⑧，此时频率显示值÷10，其他状态时关掉。

⑥ 其他设置：a. 当需要小信号输出时，按⑤衰减器；

　　　　　　　b. 直流偏移调节，拉出并转动⑦可调节直流电平，开关按入时电平为零。

注意事项：

① 把仪器接入 AC 电源之前，应检查 AC 电源是否和仪器所需的电源电压相适应。

② 仪器预热 10 min 后方可使用。

③ 不要将大于 10V（DC/AC）的电压加至输出端和脉冲端。

④ 不要将超过 10V 的电压加至 VCF 端。

（3）EM 系列函数发生器的内部方框图

EM 系列函数发生器的内部方框图如图 2-6 所示。

图 2-6　EM 系列函数发生器的内部方框图

任务二　交流电压毫伏表及低频信号发生器的使用

1. 交流电压毫伏表的使用

图 2-7 所示为通用型电压表，适用于 $30\mu V \sim 300V$、$10Hz \sim 1MHz$ 交流信号电压的有效测量。

此仪器的使用步骤如下。

① 按下电源开关。

② 使用机械零位调整将表头调整归零（若为零位则免去调整）。

③ 接通电源。按下电源开关，电源指示灯亮，仪器开始工作。需预热 10 min 保证性能稳定。

④ 将通道输入端鳄鱼夹接入待测信号，若测量高电压，黑柄鳄鱼夹接地。

⑤ 先将量程开关置于适当量程，再加入测量信号。若测量电压未知，应将量程开关置最大挡，然后逐级减小量程。

图 2-7 通用型电压表

2．低频信号发生器的使用

低频信号发生器如图 2-8 所示。

图 2-8 低频信号发生器

GFG-8015G 信号发生器的使用步骤如下所述。

① 打开电源指示灯亮预热 10min。

② 将频率校准旋钮调至 1.0 位置。

③ 选择要输出的频率范围及输出波形。

④ 调节输出幅值旋钮至指定输出电压位置。

⑤ 用鳄鱼夹夹住需输入信号的位置，进行信号输入。

示波器的使用

任务三　示波器的正确使用

1. 示波器的分类及基本组成

（1）示波器可分为通用示波器、多束示波器、取样示波器、记忆存储示波器、专用或特殊示波器 5 类。实验中使用的是固纬 652G 双踪通用示波器。

（2）基本组成。

① 示波管：一般用阴极射线管（CRT）显示波形。

② 垂直系统（Y 通道）：其作用是使示波器具有放大微弱被测信号电压的能力，使之达到适当的幅度，以驱动示波管的电子束作垂直偏转。

③ 水平系统（X 通道）：其作用是产生锯齿波电压并放大，以驱动示波管的电子束进行水平扫描，触发同步电路以保证荧光屏上显示的波形稳定。

④ Z 系统：其作用是在扫描正程时加亮光迹，在扫描回程时消隐光迹。

⑤ 电源：其作用是将市电转换成各种高低电压，以满足各组成部分正常工作的需要。

2. 固纬 652G 双踪通用示波器面板上的主要开关和旋钮

固纬 652G 双踪通用示波器如图 2-9 所示。

图 2-9　固纬 652G 双踪通用示波器

① 2V、1kHz 标准测试输出口：　　　　　　　　　　示波器的显示标准

② 亮度调节旋钮：　　　　　　　　　　　　调节显示屏的清晰度

③ 聚焦调节旋钮：　　　　　　　　　　　　调节显示屏的清晰度

④ 辉度旋钮：　　　　　　　　　　　　　　调节显示屏的清晰度

⑤ 指示灯

⑥ 开关

⑦ ⑪ Y 轴选择范围（伏特/每格）：　　　　被测信号电压的范围选择

⑧ ⑫ 输入耦合方式（AC，DC）转换键：　根据输入端耦合状态改变

⑨ X-Y 第一输入端：　　　　　　　　　　示波器的信号输入口

⑬ X-Y 第二输入端：　　　　　　　　　　示波器的信号输入口

⑭ ⑩ 校准旋钮：　　　　　　　　　　　　辅助校准

⑮ X 轴频率范围：　　　　　　　　　　　输入信号频率范围选择

⑯ 选择使用状态：

⑰ 输入源信号选择

⑱ 选择启动线路状态

⑲ 波形稳定旋钮

⑳ 波形调整旋钮

㉑ 扫描线水平位移旋钮：　　　　　　　　　调节波形位置

㉒ ㉔ 扫描线垂直位移旋钮：　　　　　　　调节波形位置

㉓ 状态选择（第一\第二\单\双踪）

3. 示波器的使用

① 打开电源，预热 5min。

② 调节亮度、聚焦（如显示屏幕上无扫描线显示，调节扫描线水平和垂直旋钮）。

③ 将第一或第二输入端输入口的示波器探头夹在 1kHz、2V 的标准测试输出口上进行校准调节（探头黑端接地）。

④ 调节校准旋钮，使测试输出信号波形标准地输出在显示屏上。

a．在使用示波器时，首先应检查电源，符合示波器的电压为 220V。

b．接通电源，预热 10min，使机内各元器件都接近或达到正常工作温度后再开始调节或定性观测；若要进行定量观测，则须预热几十分钟。

c．调节"辉度"与"聚焦"旋钮，使屏幕上的亮度和大小适宜（太亮会损伤荧屏，人的眼睛也易疲劳。亮点也不要长时间停在一个地方）；再调节扫描速度和水平扩展旋钮，以及"X 移位"与"Y 移位"旋钮，使荧屏上出现长度和位置均合适的"时间基线"。对于双踪示波器，还要将显示方式置为"Y2"，同样调出第二条"时间基线"，这时示波器已进入工作状态。

d．示波器进入工作状态后，即可输入被测信号，然后调节垂直增益微调旋钮（VARCONTROLS），改变波形的幅度。

e．暂时停用示波器时，不必切断电源，只需将辉度旋钮旋小即可。因为示波器内有高压电路，频繁开关电源会损伤元器件。

f．示波器采用探头输入，这样可以提高示波器的输入阻抗，减小它对被测电路的影响。使用示波器探头时应注意下面几点。

（a）必须根据测试的具体要求选用探头类型。例如，如测量低频高压电路应选用电阻分

压器探头。示波器的技术说明书都给出了配用的探头的输入阻抗和各通道的输入阻抗值。

（b）探头与示波器应配套使用，不能互换，不然会导致分压比误差增加或高频补偿不当，造成被测信号波形失真。

（c）低电容探头的电容器应定期校正，其方法是将探头接到"校正信号"输出端，以良好的方波电压通过探头加到示波器上。若高频补偿良好，则应显示方波；如不然可微调。

四、拓展知识

（一）示波器测量相位差的方法（李莎育图形测量法简介）

示波器的李沙育图形，广泛应用于频率和相位的测量。这种测量法不仅为我们提供了示波器频率及相位测量方法，而且揭示了所有测试仪器的测试理论基础。正确引导学生认识示波器的李沙育图形，不仅能帮助他们掌握用示波器测频和测相位差的方法，而且能对其他所有基于示波测试原理的仪器的学习，打下良好的理论基础。一个基准信号已知频率相位，一个待测信号，在双踪示波器中进行波型叠加，调整基准信号源，在示波器上得出某种特殊图形，可以表示待测信号与已知信号也就是基准信号源之间的频率相位关系，从而计算出被测信号的频率和相位。这种方法使用的图形列表叫李沙育图形，方法叫李沙育图形法。

（二）虚拟仪器技术

虚拟仪器技术是测试技术和计算机技术相结合的产物，是两门学科最新技术的结晶，融合了测试理论、仪器原理和技术、计算机接口技术、高速总线技术以及图形软件编程技术。

虚拟仪器是由计算机硬件资源和用于数字分析与处理、过程通信以及图形界面的软件组成的测控系统，它把仪器生产厂家定义仪器功能的方式转变为由用户自己定义仪器功能，也就是说传统测试中使用厂家生产的仪器，仪器的性能及功能在出厂时已被厂家定义，用户只能根据自己的要求和需要选择和使用；而虚拟仪器是在一定的硬件基础上，用户可根据测试的需求，编写软件定义自己的仪器功能，同样的硬件配置可开发出不同的仪器，例如在仪器面板上显示采集信号在时域的波形，那么该仪器为虚拟示波器；如果在程序中对采集信号进行 FFT 变换，那么该仪器就是虚拟频谱分析仪。可用 LabWindows/CVI 来开发虚拟经纱张力测试仪，用来测试织机在工作时经纱张力的变化情况。具体情况是：织机在织造过程中，经纱动态张力对织造的顺利进行有着很大的影响，张力过大，易引起断头，影响织造效率；张力不足易造成梭口不清，形成三跳疵点，使布面及纹路不够清晰。当经纱穿过轴时，经纱对两侧传力杆有压力，通过传力杆将压力传给弹性梁，使之产生应变，利用应变片将其应变转化为电阻的变化，然后再通过转化电路将电阻的变化转化为电压的变化，测量出电压值，根据传感器的标定就可求出相应的经纱张力。

虚拟仪器是今后仪器仪表、测试控制研究与发展的方向，用 NI 公司的 LabWindows/CVI 作为软件开发平台，比常用的面向对象软件编程难度大大降低，使得软件开发效率高、界面友好、功能强大，且扩展性好。采集到的数据可用于高级分析库进行信号处理，也可以为了使所得测试曲线符合实际情况，进行拟合处理。总之，虚拟仪器有强大的功能，它强调"软件就是仪器"，用软件代替硬件，易开发、易调试，可有效节约资金。

| 小　　结 |

1．掌握利用信号发生器输出相应幅值和频率的波形的方法。
2．掌握利用示波器测试信号发生器输出波形的特性参数的方法。

| 习题及思考题 |

1．如果屏幕上显示的信号幅度过小，调节哪个旋钮才能扩大波形？
2．如果信号显示波形跑动（或杂乱无章），应调节哪个旋钮才能稳定显示被测信号？
3．如果屏幕只有一条竖直亮线（示波器良好），如何调整才能正常显示波形？
4．调节低频信号发生器，使其产生 1kHz 的正弦交流信号。
5．采用交流电压毫伏表测量低频信号发生器产生的 1kHz 的正弦交流信号，确保其输出电压为 100mV。
6．使用示波器测量低频信号发生器的输出波形，并正确读出正弦交流信号的三要素参数值。

项目三
直流稳压电源的制作

｜一、项目分析｜

生活中经常用到的电器，如计算机、手机、随身听、剃须刀等，包括将要制作的音频放大器，基本都是使用直流电源作供电电源，但家用电网供电一般都是 220V 交流电，这就需要通过一定的装置把 220V 的单相交流电转换为只有几伏或几十伏的直流电，能完成这个转换的装置就是直流稳压电源。

项目内容

本项目要求学习直流稳压电源电路中的整流、滤波和稳压部分的性能分析等知识，然后完成一个实际电路的制作，并熟悉电子产品的制作流程。

知识点

① 桥式整流、滤波电路、稳压电路的性能分析、参数计算；
② 电子产品的制作流程；
③ 元件检测、电路装配和调试的方法和技巧。

能力点

① 能根据所学知识，完成对稳压电源电路的电路原理及元件作用的分析；
② 能按照装配图完成电路的装配、焊接；
③ 能利用示波器、万用表等工具调测电路；
④ 能实现电路功能并强化对原理的分析和表述。

|二、相关知识|

在生产、科学试验和日常生活中，广泛使用到交流电。但在某些场合，如电解、电镀和直流电动机等，都需要直流电源进行供电；在电子电路和自动控制装置中一般也需要电压非常稳定的直流电源。在某些情况下可以利用直流发电机或化学电池作为直流电源，但在大多数情况下，广泛采用各种半导体直流稳压电源，将电网提供的交流电压转换成为直流电压。

小功率直流稳压电源的组成

小功率半导体直流电源通常由变压电路、整流电路、滤波电路和稳压电路四部分组成，其原理图如图 3-1 所示。图中各环节的作用说明如下。

图 3-1　半导体直流电源原理方框图

变压电路：将电网 220V 或 380V 的工频交流电压转换成符合整流电路需要的交流电压。

整流电路：利用具有单向导电性的整流器件（如二极管、晶闸管等）将交流电压转换成单向脉动直流电压。

整流后的脉动直流电压中不仅含有有用的直流分量，还含有有害的交流分量。

滤波电路：利用电容、电感等电路元件的储能特性，滤去单向脉动直流电压中的交流分量，保留其中的直流分量，减小脉动程度，得到比较平滑的直流电压。

当电网电压波动或负载变化时，滤波电路输出的直流电压会随着电网波动或负载的变化而变化。

单相桥式整流电路

稳压电路：稳压电路的功能是维持直流电压的稳定输出，使得输出电压基本不受电网波动和负载变化的影响而维持不变。

对于输出电压稳定性要求不高的电子电路，整流滤波后的直流电压可以作为供电电源。

（一）单相桥式整流电路

1. 电路组成及整流原理

如图 3-2（a）所示，单相桥式整流电路由 4 只二极管接成桥式电路。图 3-2（b）所示为单相桥式整流电路的习惯画法。

在变压器副边电压 u_2 的正半周，变压器副边的极性为上正下负，即点 A 电位高于点 B 电位，此时 VD_1、VD_3 导通，VD_2、VD_4 承受反压截止。电流 i_o 经由 A → VD_1 → R_L → VD_3 → B 形成通路，此时电源电压全部加在负载电阻 R_L 上，即 $u_o = u_2$。

(a) 单相桥式整流电路实际电路图　　　　(b) 单相桥式整流电路习惯画法

图 3-2　单相桥式整流电路

在变压器副边 u_2 的负半周，变压器副边的极性为上负下正，即点 B 电位高于点 A 电位，此时 VD_2、VD_4 导通，VD_1、VD_3 承受反压截止。电流 i_o 经由 $B \rightarrow VD_2 \rightarrow R_L \rightarrow VD_4 \rightarrow A$ 形成通路，此时电源电压全部加在负载 R_L 上，即 $u_o = -u_2$。

可见，尽管 u_2 的方向是交变的，但通过负载 R_L 的电流 i_o 及其两端电压 u_o 的方向却都不变，负载上得到大小变化而方向不变的脉动直流电流和电压。

综上所述，可画出电路中各电压、电流的波形，如图 3-3 所示。

图 3-3　单相桥式整流电路的波形

2. 定量计算

根据负载电压 u_o 的波形可求得其平均值为

$$U_o = \frac{1}{\pi} \int_0^\pi \sqrt{2} U_2 \sin \omega t = \frac{2\sqrt{2}}{\pi} U_2 \approx 0.9 U_2 \tag{3-1}$$

式中，U_2——变压器副边电压 u_2 的有效值。

因此，负载电流 i_o 的平均值为

$$I_o = \frac{U_o}{R_L} \approx \frac{0.9U_2}{R_L} \tag{3-2}$$

单相桥式整流电路中，每个二极管只导通半个周期，所以每只二极管的平均电流只是负载电阻上的平均电流值的一半。

$$I_D = \frac{I_o}{2} \approx \frac{0.45U_2}{R_L} \tag{3-3}$$

根据二极管两端的电压 u_D 的波形可知，二极管承受的最大反向电压为

$$U_{DRM} = \sqrt{2}U_2 \tag{3-4}$$

I_D 和 U_{DRM} 是选择整流二极管的主要依据。

变压器副边电流 i_2 仍为正弦电流，其有效值为

$$I_2 = \frac{I_m}{\sqrt{2}} = \frac{U_2}{R_L} = \frac{U_o}{0.9R_L} \approx 1.11I_o \tag{3-5}$$

考虑到电网电压的波动范围为 ±10%，在实际选用二极管时，应至少有 10%的余量，选择最大整流电流 I_F 和最高反向工作电压 U_R 分别为

$$I_F > 1.1I_D = 1.1\frac{\sqrt{2}U_2}{\pi R_L} \tag{3-6}$$

$$U_R > 1.1\sqrt{2}U_2 \tag{3-7}$$

例3.1　在 3-2（a）所示的路中，已知变压器副边电压有效值 $U_2 = 40V$，负载电阻 $R_L = 60\Omega$。试问：

① 输出电压与输出电流平均值各为多少？

② 当电网电压波动范围 ±10% 时，二极管的最大整流平均电流 I_F 与最高反向工作电压 U_R 至少应选取多少？

解： ① 输出电压平均值为

$$U_o \approx 0.9U_2 = 0.9 \times 40 = 36(V)$$

输出电流平均值为

$$I_o = \frac{U_o}{R_L} \approx \frac{36}{60} = 0.6(A)$$

② 二极管的最大整流平均电流 I_F 与最高反向工作电压 U_R 分别应满足：

$$I_F > 1.1\frac{I_o}{2} \approx 1.1 \times \frac{0.6}{2} = 0.33(A)$$

$$U_R > 1.1\sqrt{2}U_2 = 1.1 \times \sqrt{2} \times 40 \approx 62.2(V)$$

（二）滤波电路

1. 电容滤波电路

整流电路的输出电压为单向脉动直流电压，其中既有直流分量也有交流分量。这种脉动直流电压只适用于电解、电镀等对直流电压平滑度要求不高的负载，而不适用于大多数电子线路和设备。因此，一般在整流之后还需利用滤波电路，滤去脉动直流电压中的交流分量，保留直流分量，得到较平滑的直流电，改善输出电压的脉动程度。常用的滤波元件有电容和电感，常用的滤波电路有电容滤波、电感滤波和π形滤波。

滤波电路的类型

如图 3-4 所示，在整流电路的输出端（即负载电阻两端）并联一个电容即构成电容滤波电路。

当变压器副边电压 u_2 处于正半周并且数值大于电容两端电压 u_c 时，二极管 VD$_1$ 和 VD$_3$ 导通，电流一路流经负载电阻 R_L，另一路对电容 C 充电。在理想状态下，可以认为 u_c（u_o）与 u_2 相等，如图 3-5 所示的 ab 段。当 u_2 上升到峰值后开始下降，电容通过负载电阻 R_L 放电，其电压 u_c 也开始下降，趋势与 u_2 基本相同，如图 3-5 所示的 bc 段。但由于电容按指数规律放电，所以当 u_2 下

电容滤波电路

降到一定数值后，u_c 的下降速度小于 u_2 的下降速度，使 u_c 大于 u_2，从而导致 VD$_1$ 和 VD$_3$ 反向偏置而变为截止。此后，电容 C 继续通过 R_L 放电，u_c 按照指数规律缓慢下降，如图 3-5 所示的 cd 段。当 u_2 的负半周幅值变化到恰好大于 u_c 时，VD$_2$ 和 VD$_4$ 因加正向电压变为导通状态，u_2 再次对电容 C 充电，u_c 上升到 u_2 峰值后又开始下降，下降到一定数值时 VD$_2$ 和 VD$_4$ 变为截止，电容 C 通过 R_L 放电，u_c 按照指数规律下降。如此周而复始。

图 3-4 单相桥式整流电容滤波电路

图 3-5 电容滤波输出电压波形

从图 3-5 中可以看到，经滤波后输出的电压不仅变得平滑，而且平均值也得到提高。

在实际应用中，为了获得较好的滤波效果，应选择滤波电容的容量满足 $R_L C \geqslant (3\sim5)\dfrac{T}{2}$。其中，$T$ 为电网电压的周期。电容滤波电流输出电压的平均值为

$$U_o \approx 1.2U_2 \tag{3-8}$$

电容滤波电路简单，输出电压平均值高，适用于负载电流较小且变化也较小的场合。另外，当电容滤波后输出的平均电流增大时，二极管的导通角反而会减小，所以整流管所受到的冲击电流较大，因此必须选择较大容量的整流二极管。

2．电感滤波电路

在整流电路与负载之间串联一个电感线圈就构成了电感滤波器，如图 3-6 所示。

图 3-6　单相桥式整流电感滤波电路

电感滤波可以从以下两个方面来理解。

一方面，通过电感的电流发生变化时，电感线圈中产生的感生电动势将阻碍电流的变化，使得脉动减小。当通过电感的电流增大时，电感线圈产生的自感电动势与电流方向相反，阻碍电流增加，同时将一部分电能存储起来，使得电流增加缓慢；当通过电感的电流减小时，自感电动势方向与电流方向相同，阻碍电流减小，同时释放出能量，使电流减小缓慢。可见，经电感滤波后，负载电压和电流的脉动都减小了，波形变得平滑，而且整流二极管的导通角也增大了。

电感滤波电路

另一方面，电感线圈对交流分量呈现出大阻抗，而对直流分量表现出很小的阻抗。因此交流分量几乎全都加在电感的两端，而直流分量几乎全加在负载两端。因此，输出电压较平滑。在全波整流，电感滤波后，输出电压为

$$u_{\text{o}} \approx 0.9U_2 \tag{3-9}$$

只有 R_{L} 远远小于 ωL 时，才能获得较好的滤波效果。L 越大，滤波效果越好。电感滤波适合负载电流大（负载电阻小）的场合。滤波电感电动势的作用，使得二极管的导通角接近 π，减小了二极管的冲击电流，平滑了流过二极管的电流，从而延长了整流二极管的寿命。

（三）稳压电路

1．稳压管稳压电路

虽然整流、滤波电路能将正弦交流电压转换成比较平滑的直流电压，但这个电压并不稳定。原因有二：首先，交流电网电压发生波动引起变压器副边电压 u_2 波动，输出电压会随之波动；其次，整流、滤波电路存在着一定的内阻，负载 R_{L} 变化引起负载电流变化，整流、滤波电路的内阻上的压降变化，输出电压会随之变化。为了获得稳定性好的直流电源，必须采取稳压措施。

硅稳压管稳压电路

在小功率电源设备中，用得比较多的稳压电路有两种：一种是用稳压管与负载并联的并联型稳压电路，另一种是晶体管与负载串联的串联型稳压电路。本节将介绍稳压管稳压电路的组成和稳压原理。

（1）稳压管稳压电路的组成

如图 3-7 所示，稳压电路由稳压管 VD_Z 和限流电阻 R 组成。其输入电压 U_i 是整流滤波后的电压，输出电压 U_{o} 就是稳压管的稳定电压 U_Z，R_{L} 是负载电阻。

从稳压管稳压电路可以得到两个基本关系式：

$$U_i = U_R + U_o \tag{3-10}$$

$$I_R = I_{D_Z} + I_L \tag{3-11}$$

从图 3-8 所示的稳压管的伏安特性中可以看到，在稳压管稳压电路中，只要能使稳压管始终工作在稳压区，即保证稳压管电流 $I_Z \leqslant I_{D_Z} \leqslant I_{Z_{max}}$，输出电压 U_o 就基本稳定。

图 3-7　稳压管稳压电路　　　　　　　　　图 3-8　稳压管的伏安特性

（2）稳压原理

稳压电路稳定电压的工作原理如下。

① 电网波动情况下，如果电网电压升高，整流滤波后的 U_i 随之增大，稳压电路输出电压 U_o（即稳压管两端的电压）也随之增大。根据稳压管的伏安特性，U_o 稍有增大，I_Z 就会显著增大。I_R 必然随 I_Z 增大，限流电阻 R 两端的压降 U_R 会随着 I_R 的增大而增大。只要选择参数适合的限流电阻 R，使得限流电阻上的电压增量与 U_i 的增量近似相等，那么输出电压 U_o 就会基本维持不变。上述过程可以简单描述如下：

电网电压 $\uparrow \to U_i \uparrow \to U_o(U_Z) \uparrow \to I_Z \uparrow \to I_R \uparrow \to U_R \uparrow$

$\qquad\qquad\qquad U_o \downarrow \longleftarrow$

如果电网电压下降，调节过程与上述过程相反：

电网电压 $\downarrow \to U_i \downarrow \to U_o(U_Z) \downarrow \to I_Z \downarrow \to I_R \downarrow \to U_R \downarrow$

$\qquad\qquad\qquad U_o \uparrow \longleftarrow$

由此可见，当电网电压变化时，稳压电路通过限流电阻 R 上的电压的变化来抵消 U_i 的变化，即 $\Delta U_R \approx \Delta U_i$，从而使 U_o 保持不变。

② 负载变化的情况下，当负载电阻 R_L 减小时，负载电流 I_o 增大，限流电阻 R 两端的电压增大。这必然会引起输出稳压管两端电压 U_o 减小，I_Z 会显著减小。如果参数选择适合，使得 $\Delta I_Z \approx -\Delta I_o$，即用 I_Z 的减少量补偿掉 I_o 的增量，可以使得 I_R 基本保持不变，输出电压 U_o 基本维持不变。上述过程可以简单描述如下：

$R_L \downarrow \to U_o(U_Z) \downarrow \to I_D \downarrow \to I_R \downarrow \to \Delta I_Z \approx -\Delta I_o \to I_R$ 基本保持不变 $\to U_o$ 基本不变

$\qquad\qquad\qquad\qquad I_L \uparrow \to I_R \uparrow$

反之，当负载电阻 R_L 增大时，调节方向相反。总之，只要电路中 $\Delta I_Z \approx -\Delta I_o$，使得 I_R 基本保持不变，就可以使输出电压 U_o 基本维持不变。

综上所述，在稳压管组成的稳压电路中，利用稳压管所起的电流调节作用，通过限流电阻 R 上电压和电流的变化进行补偿，可以达到稳压的目的。限流电阻是必不可少的元件，它既限制稳压管中的电流使其正常工作，又与稳压管配合以达到稳压的目的。

串联型稳压电路的组成

稳压管稳压电路的优点是电路简单，所用元件数量少。缺点是一方面受稳压管最大稳定电流限制，其输出电流较小，另一方面输出电压不可调节，电压稳定度不够高。因此它只适用于负载电流较小，负载电压不变且稳定度要求不高的场合。

提高串联型稳压电源
性能的措施

2．串联型稳压电路

稳压管稳压电路输出电流较小且不可调，不能满足很多场合的应用。串联型稳压电路以稳压管稳压电路为基础，利用晶体管的电流放大作用，增大负载电流；在电路中引入深度电压负反馈使输出电压稳定，并且通过改变反馈网络参数实现输出电压可调。

（1）基本调整管电路

在图 3-9（a）所示的稳压管稳压电路中，负载电流最大变化范围等于稳压管的最大稳定电流和最小稳定电流之差，即（$I_{Zmax} - I_Z$）。扩大负载电流最简单的方法是利用晶体管的电流放大作用，再作为负载电流。电路采用射极输出形式，因而引入电压负反馈，可以稳定输出电压，如图 3-9（b）所示。图 3-9（c）所示为常见画法。

串联型晶体管稳压电
路的工作原理

图 3-9 基本调整管稳压电路

稳定电压的原理如下所述。

当电网电压 U_i 增大，或负载电阻 R_L 增大时，输出电压 U_o 将随之增大，即晶体管发射极电位 U_E 升高；稳压管端电压基本不变，即晶体管基极电位 U_B 基本不变，故晶体管的

$U_{BE}(=U_B-U_E)$ 减小，导致 $I_B(I_E)$ 减小，从而使 U_o 减小，因此可以保持 U_o 基本不变。

根据稳压管稳压电路输出电流的分析可知，晶体管基极的最大电流为 $(I_{Zmax}-I_Z)$。由于晶体管的放大作用，图所示的最大负载电流为

$$I_{Lmax}=\left(1+\overline{\beta}\right)\left(I_{Zmax}-I_Z\right) \tag{3-12}$$

这就大大提高了负载电流的调节范围。输出电压为

$$U_o=U_Z-U_{BE} \tag{3-13}$$

从上述稳压过程可知，要想使调整管起到调整作用，必须使之工作在放大状态，因此其管压降应大于饱和管压降 U_{CES}；换言之，电路应满足 $U_i \geqslant U_o+U_{CES}$ 的条件。由于调整管与负载相串联，故称这类电路为串联型稳压电源；由于调整管工作在线性区，故称这类电路为线性稳压电源。

（2）具有放大环节的串联型稳压电路

基本调整管稳压电路的输出电压仍然不可调，且输出电压将因 U_{BE} 的变化而变化，稳定性较差。为了使输出电压可调，也为了加深电压负反馈，可在基本调整管稳压电路的基础上引入放大环节。

电路包括以下 4 个部分：晶体管 VT 为调整管，电阻 R 和稳压管 VD_Z 组成基准电压电路，电阻 R_1、R_3 和电位器 R_2 组成输出电压采样电路，集成运放组成比较放大电路。

如图 3-10 所示，集成运放在此电路中组成了同相比例放大电路，输入为稳压管两端压降 U_Z；比例系数通过电位器 R_2 可进行调节，则输出电压 U_o 可调；集成运放输出端加晶体管，构成射极跟随器形式，其作用是对输出电流进行放大。

输出电压为

$$U_o=\left(1+\frac{R_1+R_2'}{R_2'+R_3}\right)U_Z \tag{3-14}$$

（a）原理电路　　　　　　　　　　　（b）常见画法

图 3-10　具有放大环节的串联型稳压电路

稳定电压的原理如下。

当由于某种原因（如电网电压波动或负载电阻变化）使得输出电压 U_o 升高（或降低）时，采样电路会将这一变化量送到集成运放 A 的反相输入端，并与正相输入端的 U_Z 进行比较放大；A 的输出电压（即调整管的基极电位）降低（或升高）；由于电路采用了射极跟随输出形式，所以输出电压 U_o 随之降低（升高），从而使 U_o 得到稳定。可见，电路是靠引入深度电压负反馈来稳定输出电压的。

输出电压 U_o 的大小可以通过调节电位器 R_2 的位置进行调节。

当电位器 R_2 的滑动端向右滑动时，输出电压 U_o 减小。当电位器 R_2 的滑动端处于最右端时，输出电压最小，为

$$U_{omin} = \frac{R_1 + R_2 + R_3}{R_2 + R_3} U_Z \qquad (3\text{-}15)$$

当电位器 R_2 的滑动端向左滑动时，输出电压 U_o 增大。当电位器 R_2 的滑动端处于最左端时，输出电压最大，为

$$U_{omax} = \frac{R_1 + R_2 + R_3}{R_3} U_Z \qquad (3\text{-}16)$$

综上所述，串联型稳压电路可以得到稳定度很高的输出电压，并且输出电压可调，此外，其输出电流也较大，因此应用广泛。

（3）串联型稳压电路的方框图

实用的集成串联型稳压电路至少包括调整管、基准电压电路、取样电路和比较放大电路 4 个部分。此外，为了使电路安全工作，还常在电路中加保护电路，所以串联型稳压电路的方框图如图 3-11 所示。

图 3-11　串联型稳压电路的方框图

保护电路主要包括过流保护、短路保护、调整管安全工作区保护、芯片过热保护等，使集成稳压电源在出现不正常情况时不至于损坏。

3. 集成稳压器电路

目前，大多数的集成稳压电源采用串联型稳压电路（又称为集成稳压器），它是把稳压电路中的大部分元件或全部元件制作在一片硅片上的一个完整的稳压电路。从外形上看，有三个引脚，分别为输入端、输出端和公共端，因而称为三端稳压器。它具有体积小、重量轻、可靠性高、使用灵活，价格低廉等特点。

集成串联型稳压电路按功能可分为固定式稳压电路和可调式稳压电路，前者输出电压不可调节，后者可通过外接元件使输出电压有很宽的调节范围。

型号为 W7800 系列的三端稳压器为固定式稳压电路，其输出电压有 5V、9V、12V、15V、18V、24V 等，型号后面的两个数字表示输出电压值，输出电流有 1.5A（W7800）、0.5A（W78M00）、0.1A（W78L00）。例如，W78L09 表示输出电压为 9V，最大输出电流为 0.1A。

W7900 系列的三端稳压器是一种输出负电压的固定式稳压电路，其输出电压有−5V、−9V、−12V、−15V、−18V、−24V 共 7 个挡，并且有 1.5A、0.5A、0.1A 共 3 个挡，其使用

方法和 W7800 系列稳压器相同，只是要特别注意输入电压和输出电压的极性。W7800 与 W7900 系列相配合，可以得到正、负输出的稳压电路。W7800 的外形如图 3-12 所示。下面介绍 W7800 的一些应用电路。

（a）W7800金属封装外形图　（b）W7800塑料封装外形图　（c）W7800方框图

图 3-12　三端稳压器的外形和方框图

（1）基本应用电路

W7800 的基本应用电路如图 3-13 所示，输出电压和最大输出电流由所选的三端稳压器决定。电容 C_i 用于抵消输入线较长时的电感效应，以防止电路产生自激振荡，其容量较小，一般小于 $1\mu F$。电容 C_o 用于消除输出电压中的高频噪声，可取几微法或几十微法，以便输出较大的脉冲电流。若 C_o 容量较大，一旦输入端断开，C_o 将从稳压管输出端向稳压器放电，这样容易使稳压器损坏。因此，可在稳压器的输入端和输出端之间跨接一个二极管，如图 3-13 中虚线所示，起保护作用。

（2）扩大输出电流的稳压电路

如果所需的输出电流大于稳压器标称值时，可以采用外接电路来扩大输出电流。在图 3-14 所示电路中，$U_o = U_o' + U_D - U_{BE}$，$U_o'$ 为稳压器的输出电压。在理想情况下，即 $U_D = U_{BE}$，$U_o = U_o'$，可见二极管用于消除 U_{BE} 对输出电压的影响。假设三端稳压器的最大输出电流为 I_{omax}，则晶体管的最大基极电流为 $I_{Bmax} = I_{omax} - I_R$，因而负载电流的最大值为 $I_{Lmax} = (1+\beta)(I_{omax} - I_R)$。

图 3-13　W7800 的基本应用电路

图 3-14　W7800 的输出电流扩展电路

（3）输出电压可调的稳压电路

图 3-15 所示电路为利用三端稳压器构成的输出电压可调的稳压电路。图中，流过电阻 R_2 的电流为 I_{R2}，R_1 中的电流为 I_{R1}，流过稳压器的电流为 I_W，则

$$I_{R2} = I_{R1} + I_W \tag{3-17}$$

由于电阻 R_1 上的电压为稳压器的输出电压 U_o'，$I_{R1} = \dfrac{U_o'}{R_1}$，输出电压 U_o 等于 R_1 上电压和 R_2 上电压之和，所以输出电压为

$$U_o = U_o' + \left(\frac{U_o'}{R_1} + I_W \right) R_2 \tag{3-18}$$

即

$$U_o = \left(1 + \frac{R_2}{R_1} \right) U_o' + I_W R_2 \tag{3-19}$$

改变 R_2 滑动端的位置，可调节输出电压 U_o 的值。如图 3-16 所示，实用电路中，常采用电压跟随器将稳压器与取样电阻隔离。输出电压为

$$U_o = \frac{R_1 + R_2 + R_3}{R_1 + R_2'} U_o' \tag{3-20}$$

图 3-15　W7800 输出电压可调的稳压电路　　　　图 3-16　W7800 输出电压可调的实用稳压电路

改变电位器 R_2 的滑动端位置，可调节输出电压。

（4）正、负输出稳压电路

W7900 系列芯片是一种输出负电压的固定式三端稳压器，其输出电压有 −5V、−9V、−12V、−15V、−18V、−24V 6 个挡，输出电流有 1.5A、0.5A 和 0.1A 3 个挡，使用方法与 W7800 系列相同，但需要注意输入电压和输出电压的极性。W7900 和 W7800 相配合，可以得到正、负输出的稳压电路，如图 3-17 所示。

直流稳压电源的设计

图 3-17　正、负输出稳压电路

在图 3-17 所示电路中，两只二极管起保护作用，正常工作时均处于截止状态。若 W7900

的输入端未接入输入电压，W7800 的输出电压将通过负载电阻接到 W7900 的输出端，使 VD₂ 导通，从而将 W7900 的输出端钳位在 0.7V 左右，保护其不被损坏；同理，VD₁ 可在 W7800 的输入端未接入时保护其不被损坏。

应用实例：扩音机电路中的电源电路，如图 3-18 所示。

图 3-18 扩音机电路中的电源电路

电路工作过程分析如下。

带中心抽头的变压器将 220V 交流电降压为两路 15V 交流电输出，经桥堆整流、电容 C_9、C_{10} 滤波，转换为直流电分别送入稳压管 7812、7912，分别输出+12V、−12V 的直流电。

元件作用介绍如下。

变压器：降压，将 220V 的交流电降为 15V 输出（注：选择带中心抽头的变压器）；

桥堆：整流，将交流电转换为脉动的直流电；

电容 C_9、C_{10}：滤波，将脉动直流电变为平滑的直流电；

电容 C_{11}、C_{12}：保护稳压管，防止自激振荡；

电容 C_{13}、C_{14}：低频滤波，滤除低频干扰信号；

电容 C_{15}、C_{16}：高频滤波，滤除高频干扰信号；

稳压管 7812：稳压输出+12V 的直流电；

稳压管 7912：稳压输出−12V 的直流电。

三、项目实施

任务一　可调式稳压电源电路的原理分析

1. 实施要求

认识制作的可调式稳压电源电路的组成，熟悉各元件的作用并能用文字表述；认识元件并学会元件检测的方法。

2. 实施步骤

（1）电路原理图

电路原理图如图 3-19 所示。

图 3-19 可调式稳压电源电路原理图

（2）各部分电路组成及元件作用

各部分电路组成及元件作用如图 3-20 所示。

三端可调式集成稳
压器的应用电路

本电路是由 LM317 可调式集成稳压管所构成的 1.2～15.6V 的可调式
稳压电路，由变压电路、整流电路、滤波电路、稳压电路和再滤波电路 5
部分构成。

图 3-20 电路组成及元件作用

① 变压：变压器 T1 将 220V 的市电转化为 12V 送入电路。

电容 C_1：滤高频、抗干扰。

② 整流：由 4 个二极管构成桥式整流电路，将 12V 的交流电转换成脉动直流电输出。

③ 滤波：电解电容 C_2 实现滤波，并将信号从 R_1 输出。

发光二极管 VD_7：用于显示整流、滤波后是否有输出。

④ 稳压：集成芯片 LM317 实现稳压输出。

可变电阻 R_3：通过调节阻值改变受控端电压，实现稳压输出可调。

二极管 VD_6：当输出短路时，C_3 上的电压被 VD_6 泄放掉，从而实现反偏保护。

二极管 VD_5：当输入短路时，C_4 等元件上储存的电压通过 VD_5 泄放，用于防止内部调整管反偏。

电容 C_3：防止当 R_3 从 0 迅速变到最大时，稳压管 1 脚电压突变，提高它的纹波抑制能力。

⑤ 滤波：滤除杂波。

电容 C_4：用来改善 IC 的瞬态响应。

另外，当输出大电流时，会因温度过高而截止，必须加适当面积的散热器。

任务二 电路板设计、制作和元件检测

1．实施要求

运用 Protel 软件完成电路 PCB 图的设计，熟悉手工制作 PCB 板的流程，并会制作 PCB 板；学会使用万用表等工具检测二极管、电阻、电容等元件，判别好坏及极性，填写元件检测表；掌握集成芯片 LM317 的性能及参数指标。

2．实施步骤

（1）元件检测

① 清点元件：根据元件清单准确清点并按元件类型归类整理。

② LM317 简介。LM317 是美国国家半导体公司生产的三端可调稳压器集成电路。国内和世界各大集成电路生产商均有同类产品可供选用，是使用极为广泛的一类串联集成稳压器。它不仅具有固定式三端稳压电路的最简单形式，而且具有输出电压可调的特点；此外，还具有调压范围宽、稳压性能好、噪声低、纹波抑制比高等优点。它的主要性能参数书馆如下。

输出电压：1.25～37V/DC。 输出电流：5mA～1.5A。

最大输入/输出电压差：40V/DC。 最小输入/输出电压差：3V/DC。

使用环境温度：−10℃~+85℃。

芯片内部具有过热、过流、短路保护电路。

图 3-21 给出了几种常用（不同封装形式）的 LM317 的外形及引脚排列图。

图 3-21 几种常用 LM317 的外形及引脚排列示意图

由于输出端（2 脚）与调节输入端（3 脚）之间的电压保持在 1.25V，所以可以通过调整接在输出端与地之间的分压电阻 R_1 和 R_2 来改变 ADJ 端的电位，可以达到调节输出电压的目的。

原理如下：R_1 两端的 1.25V 恒定电压产生的恒定电流流过 R_1 和 R_2，在 R_2 上产生的电压加到 ADJ 端。此时，输出电压 U_o 取决于 R_1 和 R_2 的比值，当 R_2 阻值增大时，输出电压升高，即

图 3-22 原理图

$$U_o = 1.25\left(1 + \frac{R_1}{R_2}\right)$$，如图 3-22 所示。

③ 判别和检测：对元器件进行判别与检测，测量元件尺寸，并记录在表 3-1 中。

表 3-1　　　　　　　　　　　　　　　　元器件判别与检测

元器件		识别及检测内容			元件尺寸			作用
电阻器 3 支		色环（最后一位为误差）	标号	标称值（含误差）	引脚最短间距/mil			
		红黑棕金						
		绿棕红金						
		绿绿棕金						
电容器	瓷片电容	标号	数码标志	容量值/μF	引脚最短间距/mil			
			103					
	电解电容							
稳压管 1 支			面对标注面，管脚向下，画出管外形示意图，标出管脚名称		厚度	宽度	引脚间距	
		U₁						
二极管		VD₁～VD₆		测量阻值	测量挡位	引脚最短间距		
			正向					
			反向					
		发光二极管 VD₇	正向					
			反向					

注：表中的"mil"为英制单位"毫英寸"，$1\mathrm{mil} = 25.4 \times 10^{-6}\mathrm{m}$。

（2）制板

① PCB 图设计：根据所测的元件大小，利用 Protel DXP 软件完成电路 PCB 图的设计。

② 拓图：将绘制完成的 PCB 图（底板图）复写在敷铜板的铜膜面上，如图 3-23 所示。

图 3-23

注 意

敷铜板边缘与电路板边框（图示中灰色边界）对齐。

③ 描图：为能把敷铜板上需要的铜膜保留下来，需涂防腐蚀层予以保护。用油漆将保留区域涂满；导线用一定宽度的单线；焊盘用圆点。

 注 意

a. 上图中黑色部分就是需要保留的铜膜，即实际的导线；

b. 油漆要够宽够厚；焊盘位置要突出。

c. 修板：待油漆干后，按照 PCB 图对其进行适当地修整，避免短路、断路等情况，油漆线应尽量直、宽、厚，地线、电源线应尽量宽。

④ 蚀刻：将要蚀刻的印刷电路板浸没在 $FeCl_3$ 溶液（1 份药品配 2 份水）中，未涂上保护漆的那部分铜膜将被逐渐腐蚀掉。

 注 意

a. 腐蚀操作时，要注意掌握时间。一般使用新配制溶液在室温下约 20min 就能完成，旧液需时较长，若超过 2h 或溶液变成绿色，则需更换溶液；

b. 尽量避免溶液洒落在桌面、衣服和皮肤上。

⑤ 清洗、钻孔、去膜、打磨、涂助焊剂

清洗：腐蚀好的印刷电路板应立即取出用清水冲洗干净，避免出现黄色的沉迹。

去膜：一般用热水浸泡后可将油漆除去（也可用小刀将油漆刮掉），残余的可用天那水清洗，然后晾干。

钻孔：选择合适的钻头按电路图要求的位置打孔，孔的直径一般取 1mm 即可。

 注 意

a. 钻头要磨锋利，避免钻孔边缘铜膜翘起；

b. 本电路中需安装变压器，安装孔需用 3mm 的钻头打孔；

c. 四周的安装孔也用 3mm 的钻头打孔。

打磨、涂助焊剂：将除去油漆的敷铜板用砂纸打磨光亮后立即涂一层松香酒精溶剂（酒精、松香粉末重量比 3∶1）。待酒精挥发后，电路板上就能均匀地留下一层松香膜，既是助焊剂，也是保护膜，保护铜膜不被空气氧化。

任务三　电路装配与调试

1. 实施要求

熟悉手工焊接技巧，学会手工焊接 PCB 板；学会电路调试的基本方法，并完成电路的调试，实现电路功能并填写调试内容信息。

2．实施步骤

（1）装配、焊接

① 元件试安装

元件试安装是指将所有元件按照布局安装在电路板上，并观察元件安装的总体情况是否合理。

元件试安装时有下面两个方面需要注意。

（a）安装在相应封装位置的元件的型号或参数是否准确；

（b）有极性的元件其管脚是否安装正确。

本电路试安装时要留意：（a）各电阻不能随意调换；（b）二极管、电解电容具有极性，其引脚需正确安装，不可弄反正负极；（c）集成块 LM317、电位器各引脚功能不同，不能混淆。

② 安装、焊接

将试安装时装上的各个元件取下，然后重新依次安装在电路板上。每安装一个元件，便将之焊接固定在 PCB 板上，再接着安装下一个元件并焊接。

安装焊接参考顺序：

（a）高度低、体积小的元件先安装、焊接。

（b）高度较高、体积大的元件后安装、焊接。

（c）无需焊接的固定件最后安装。

③ 整机装配

最后，将焊接好的电路板、连线、电器（设备）面板以及电器（设备）外壳连接组装起来，形成一个可以使用的成品。

（2）电路调试与检测

电路安装焊接完毕后，需要进行检查与调试，检验电路是否能产生预定的功能。一般的电路调试步骤如下。

① 电路板检查。对照装配图检查元件的位置、极性是否准确。

检查 PCB 底板是否有漏焊、错焊、虚焊等情况。

② 接通电源。接入 220V 市电，观察发光二极管的状态，如果被点亮，说明电源正常连入电路，整流、滤波部分工作正常；反之，需检测发光二极管或前级电路。

③ 装入 IC。断开电源，将 LM317 插入 IC 座。

④ 调试功能。将电位器旋至最大，万用表选择直流电压 50V 挡。再次接入 220V 市电，输出电压正、负极分别接万用表的红、黑表笔，再缓慢地旋动电位器，观察万用表的指针变化。若出现故障，通过各种方法排除并最终实现功能。

（3）电路测试与原理分析

① 电路功能

能输出 1.2～15.6V 的直流电。

② 电路分析

（a）输入信号测试：变压器次级输出端（即图 3-24 中的 A、B）接双踪示波器，观察波形并记录。

信号类型：_____；

信号幅值：$V_{P\text{-}P}=$_____；

信号周期：$T=$_____ 。

（b）整流、滤波后信号测试：将整流、滤波后的信号（即图3-24中的C、D）接双踪示波器，观察并记录；再用万用表测量两点间电压。

信号类型：_____；

信号幅值：$V=$_____；

信号周期：$T=$_____ 。

分析：从所测得的两个波形可知，4个二极管和电容组成的桥式整流滤波电路部分，实现了整流、滤波功能，将交流电转化为直流电，且两电压值大小符合桥式整流滤波电路的输入、输出电压之间的关系式：$U_{CD} \approx 1.2 U_{AB}$；还可将 VD$_2$ 或 VD$_4$ 二极管短路，比较波形的变化，体会桥式、半波整流的不同。

（c）稳压输出测试：将电路的输出端（即图3-24中的E、F）接万用表的红、黑表笔，同时接双踪示波器，旋动电位器，观察信号波形和万用表指针的变化并记录。

分析：可比较稳压管断路前后所测得的波形，波形的变化明显表现了稳压的效果。测试点示意图如图 3-24 所示。

图 3-24　测试点示意图

| 四、拓展知识 |

（一）三相整流电路

单相整流电路一般应用在小功率（输出功率在几瓦到几百瓦之间）场合。当要求整流电路输出功率较大（数千瓦）时，如果仍采用单相整流会造成三相电网负载不平衡，影响供电质量。这种情况常采用三相整流电路。有些场合，虽然整流功率不大，但为了减小整流电压的脉动程度，也可采用三相整流电路。三相整流电路分为三相半波整流电路和三相桥式整流电路。下面介绍一下三相桥式整流电路的相关知识。

1．三相桥式整流电路的组成

如图 3-21 所示，三相桥式整流电路由三相变压器和 6 只二极管 $VD_1 \sim VD_6$ 组成。三相变压器的原边绕组接成三角形（△），然后接在三相交流电源上；副边接成星形（Y）。6 只二极管中，VD_1、VD_3、VD_5 的阴极连接在一起，成为整流器输出电压的正端；VD_4、VD_6、VD_2的阳极连接在一起，成为整流器输出电压的负端。VD_1、VD_3、VD_5 的阳极，VD_4、VD_6、VD_2的阴极分别接在变压器副边各相绕组的端点 U、V、W 上。可见，共阴极组与共阳极组串联，构成三相桥式整流电路。

2．三相桥式整流电路的整流原理

共阴极组中，VD_1、VD_3、VD_5 3 个二极管的阴极接在一起，阴极电位相同，阳极电位最高的二极管将导通，其余两只二极管将承受反向电压而截止；共阳极组中，VD_2、VD_4、VD_6 3 个二极管的阳极接在一起，阳极电位相同，阴极电位最低的二极管将导通，其余两只二极管将承受反压而截止。如图 3-25 所示，在 $t_1 \sim t_2$ 时间内，u 相电位最高，VD_1 导通，VD_3、VD_5 承受反压而截止；v 相电位最低，VD_2 导通，VD_4、VD_6 承受反压而截止，在此期间，电流的通路为：

$$u \to VD_1 \to R_L \to VD_2 \to w$$

此时加在负载上的电压为 $u_o = u_u - u_v = u_{uv}$，可见负载两端的输出电压为线电压。其余时间的导通情况依此类推为（可从表 3-2 中观察每段时间内，二极管的导通规律）：

$$VD_1VD_2 \to VD_2VD_3 \to VD_3VD_4 \to VD_4VD_5 \to VD_5VD_6$$
$$VD_6VD_1$$

二极管按上述的规律轮流导通。在一个周期内，每组组合导通 $60°$。在一个周期内，共阴极组中，每只二极管各轮流导通 $120°$。同理，在一个周期内，共阳极组中，每只二极管也各轮流导通 $120°$。

可见，三相桥式整流电路在任何时刻都必须有两个二极管导通，才能形成导电回路，其中一个二极管是共阴极组的，另一个二极管是共阳极组的。表 3-2 列出了各二极管的导通规律。所以，负载上的输出电压是两相之间的线电压。三相桥式整流电路实质上是三相线电压的整流。图 3-26 所示为三相桥式整流电路输出电压的波形。

图 3-25　三相桥式整流电路

图 3-26　三相桥式整流电压的波形

表 3-2			三相桥式整流电路的二极管导通规律			
时　间　段	$t_1 \sim t_2$	$t_2 \sim t_3$	$t_3 \sim t_4$	$t_4 \sim t_5$	$t_5 \sim t_6$	$t_6 \sim t_7$
导通管（共阴极组）	VD_1	VD_3	VD_3	VD_5	VD_5	VD_1
导通管（共阳极组）	VD_2	VD_2	VD_4	VD_4	VD_6	VD_6

3．定量关系

下面分析三相桥式整流电路的定量关系。

负载上的输出电压为脉动电压，脉动较小，其平均值为

$$U_o = 2.34U_2 = 1.35U_{2L} \tag{3-21}$$

的参数要求有何影响？

6．稳压管稳压电路在使用中有什么局限性？

7．若图 3-7 所示的稳压管接反，会出现什么后果？如果滤波电容开路，那么输出电压 U_L 的波形如何？如果限流电阻 R 被短路，将出现什么结果？

8．串联型稳压电路包含哪些基本环节？调整管工作在什么状态下？电路属于哪种类型的负反馈？

9．串联型稳压电路中的放大环节所放大的对象是_____。（a．基准电压；b．取样电压；c．基准电压与取样电压之差）

10．根据制作的可调式稳压电源电路图，

（1）用文字简述电路的工作过程；

（2）填写各元件功能表。

标 号	类 型	参 数	作 用
C_1	瓷片电容		
C_2	电解电容		
C_3			
C_4			
$VD_1 \sim VD_4$	整流二极管		
VD_5			
VD_6			
VD_7	发光二极管		
T_1	变压器		
R_1	电阻		
R_2			
R_4			
R_3	电位器		
U_1	稳压管		

11．简述电位器好坏的判别方法和二极管极性的判别方法。

12．请列出本次可调式稳压电源电路制作中元件的安装次序。

13．请按照提示，记录电路装配调试过程并分析。

接入 220V 市电，进行调试，观察它是否能实现输出直流电压，且数值可调的功能。

（1）你在调试过程中，第一次调试能否成功实现了电路功能？

□第一次调试电路就成功实现功能　　　□第一次调试电路不能实现功能

① 若你是属于第一次调试就成功的，请谈谈你认为你能成功的主要原因。

_____

② 若你第一次调试不能实现功能，请检查电路故障，记录相关故障现象并分析故障原因，进行检修，排除故障，最后实现电路功能。

◆电路出现的故障现象有：

_____

◆电路故障发生的原因是：

_____

◆电路故障的发现和故障原因的分析是你独立完成的，还是在同学帮忙或老师指引下完成的？

　　□自己独立完成　　　　□同学帮忙完成　　　　□老师指导完成

　　◆你是如何排除电路故障的呢？将你的解决方法记录下来。

_____

　　（2）要改变输出电压的可调范围，你认为应该如何修改电路？请尝试操作，并记录下你的观测情况。

_____

项目四
分立元件放大电路的设计

| 一、项目分析 |

放大就是将微弱的电信号通过三极管或场效应管等有源器件组成的电路进行处理，得到较大的输出信号。用来对电信号进行放大的电路称为放大电路，放大电路的实质就是用较小的能量去控制较大的能量；或者说用一个能量较小的输入信号对直流电源的能量进行控制和转换，使之转换成较大的交流电能输出，以便驱动负载工作。

项目内容

本项目主要讨论各种常用的分立元件放大电路。

知识点

① 共发射极、共基极、共集电极三种放大电路的结构、工作原理；
② 差动放大电路的组成、工作原理和分析方法；
③ 多级放大电路的级间耦合方式和分析方法。

能力点

① 会认识共发射极、共基极、共集电极三种放大电路；
② 能分析差动放大电路、多级放大电路；
③ 能熟练运用组合逻辑部件实现相关功能（会用软件 Proteus 进行仿真）；
④ 能使用 Multisim 软件测试各种放大电路的特性。

|二、相关知识|

（一）共发射极放大电路

放大电路是使用最广泛的电路，它是利用三极管的电流控制作用把微弱的信号增强到所要求的数值。这里所说的"放大"有两层重要含义：一是放大变化量，放大的是输入信号的变化量；二是能量转换要实现放大。能量不会凭空而来，放大电路是将直流电源的能量转化为输出量的变化，而这一输出量的变化是与输入量的变化成比例的，或者说是受输入量变化控制的，所以说放大实质上是一种能量控制作用。具有能量控制作用的器件称为有源器件，三极管、场效应管为有源器件，而电阻、电容、电感、二极管等为无源器件。

一个基本放大电路必须由输入信号源、晶体三极管、输出负载以及直流电源和相应的偏置电路组成，如图 4-1 所示。其中，直流电源和相应的偏置电路用来为晶体三极管提供静态工作点，以保证晶体三极管工作在放大区。就双极型晶体三极管而言，就是保证发射结正偏，集电结反偏。输入信号源一般是将非电量转变为电量的换能器，例如，将声音转换为电信号的话筒，将图像转换为电信号的摄像管等，它所提供的电压信号或电流信号就是基本放大电路的输入信号。

共发射极放大电路的
组成

放大电路有 3 种基本组态，先介绍最常用的共发射极放大电路。

1. 共发射极放大电路的组成及各元器件的作用

共发射极基本放大电路如图 4-2 所示。电路由三极管 VT、电阻 R_C 和 R_B、电容 C_1 和 C_2，电源 U_{CC} 和 U_{BB} 组成。基极与发射极之间的电路称为输入回路，发射极与集电极之间的电路称为输出回路，发射极位于输入回路与输出回路的公共端，因此这个电路称为共发射极电路。基极是信号的输入端，集电极是信号的输出端。

图 4-1　基本放大电路的组成部分

图 4-2　共发射极放大电路原理图

u_s 与 R_s 是交流信号的电压和内阻，u_i 是输入电压，R_L 是负载，R_L 的端电压即是输出电压 u_o。U_{BB} 是基极电源，其作用是使三极管的发射结处于正向偏置。

U_{CC} 是集电极电源，其作用是为三极管和负载提供能量，使三极管集电结处于反向偏置，以满足三极管工作在放大状态，U_{CC} 一般为几伏至几十伏。

R_B 是基极电阻，在输入回路中，U_{BB} 通过 R_B 向三极管提供基极电流，并且调整基极电流大小，使三极管工作于合适的工作点。它的一般阻值为几十千欧至几百千欧。

R_C 是集电极电阻。当三极管的集电极电流受基极电流控制而发生变化时，它在集电极电阻 R_C 上的电压降也随着变化。R_C 的值与输出电压以及放大倍数有直接关系。R_C 一般为几千欧至几十千欧。

C_1 和 C_2 是耦合电容，其作用在于传递交流信号，起耦合作用，使信号源与放大电路及负载形成交流通路。除此之外，它们还起到隔离直流的作用，C_1 隔断信号源与放大电路的直流通路，C_2 隔断负载 R_L 与放大电路之间的直流联系。为了减小传递信号的电压损失，C_1、C_2 应选得足够大，一般为几微法至几十微法，通常采用电解电容器。

VT 是 NPN 型三极管，是放大电路的核心组成部分。它的作用是按照输入信号的变化规律控制直流电源给出电流，以便在负载电阻 R_L 上获得较大的电压或功率。晶体管本身并没有增强微弱电信号的能力。

在实际电路中，去掉基极电源 U_{BB}，由集电极电源 U_{CC} 提供基极偏置电流和发射结正向偏置电压。电路图可简化成图 4-3 所示的电路。

图 4-3　共发射极放大电路实用电路图

2．放大电路的直流通路和交流通路

在输入信号等于零（$u_s = 0$）时，放大电路中各处的电压、电流都是恒定不变的直流量，放大电路处于直流工作状态或静止状态，简称为静态。

静态时，三极管各电极的直流电流及各电极间的直流电压分别用 I_B、I_C、I_E、U_{BE} 和 U_{CE} 表示。由于上面这些电流、电压数值可用三极管特性曲线上的一个确定的点表示，故称此点为静态工作点，用 Q 表示。

共发射极放大电路
直流通路

静态工作点可以由放大电路的直流通路用近似估算法求得。由于电容具有隔离直流的作用，对直流相当于开路，因此，图 4-4（a）所示为放大电路的直流通路。

在输入信号不等于零时，放大电路的工作状态称为动态。这时，电路中既有直流量，又有交流量，各电极的电流和各极间的电压都在静态值的基础上随输入信号的变化而变化。一般用放大电路的交流通路来研究交流量及放大电路的动态性能。

由放大电路绘制其交流通路的原则：①固定不变的电压源都视为短路；②固定不变的电流源都视为开路；③电容视为短路。根据这个原则，

共发射极放大电路交流通路

可画出图 4-4（b）所示的放大电路的交流通路。

(a) 直流通路　　　　　　　　　　　　(b) 交流通路

图 4-4　放大电路的直流通路和交流通路

3．共发射极放大电路的静态分析

对放大电路进行静态分析，就是确定放大电路中的静态工作点 Q 的值（I_{BQ}、I_{CQ}、I_{EQ}、U_{BEQ} 和 U_{CEQ}）。这些值既可以采用近似估算法，也可以采用图解法来确定，下面对这两种方法分别加以介绍。

（1）近似估算法

由图 4-4（a）所示放大电路的直流通路可知，静态时的基极电流为

$$I_{BQ} = \frac{U_{CC} - U_{BEQ}}{R_B}$$

（4-1）

式中，U_{BEQ}——近似为常数，硅管为 0.6～0.7V，锗管为 0.2～0.3V。

通常，$U_{CC} \gg U_{BEQ}$，故上式又可改为

$$I_{BQ} \approx \frac{U_{CC}}{R_B}$$

（4-2）

当 U_{CC} 和 R_B 确定后，I_{BQ} 即为固定值，故此放大电路又称为固定偏置式放大电路。

对应于 I_{BQ} 的集电极电流为

$$I_{CQ} = \beta I_{BQ}$$

（4-3）

由集电极回路可得

$$U_{CEQ} = U_{CC} - I_{CQ}R_C$$

（4-4）

发射极电流为

$$I_{EQ} = I_{BQ} + I_{CQ}$$

（4-5）

至此，静态工作点的各个电流、电压值都已得到。

（2）图解法

在三极管的输入输出特性曲线上，通过作图的方法来分析放大电路的工作情况称为图解法。用图解法确定放大电路的静态工作点的步骤如下所述。

① 先用估算法求出基极电流 I_{BQ}（如 40μA）。也可以在输入特性曲线上用作图的方法确定。

② 根据 I_{BQ}，在输出特性曲线中找到对应的曲线。

③ 作直流负载线。

图 4-5（a）所示电路是图 4-4（a）所示直流通路的输出回路。它由两部分组成，左边是非线性部分，由三极管组成；右边是线性部分，是由电源 U_{CC} 和负载 R_L 组成的外部电路。由于三极管和外部电路一起构成输出回路的整体，因此这个电路中的 I_C 和 U_{CE}，既要满足三极管的输出特性：

$$I_C = f(U_{CE})\big|_{I_B = 常数}$$

又要满足外部电路的伏安关系：$U_{CE} = U_{CC} - I_C R_C$，因而它只能工作在两者的交点。

根据关系式 $U_{CE} = U_{CC} - I_C R_C$，可在三极管的输出特性曲线上画出一条直线，该直线在纵轴上的截距为 U_{CC}/R_C，在横轴上的截距为 U_{CC}，其斜率为 $-1/R_C$，只与集电极负载电阻 R_C 有关，称为直流负载线，如图 4-6 所示。

④ 求静态工作点 Q

直流负载线与 I_B（40μA）对应的那条输出特性曲线的交点 Q，即为静态工作点。点 Q 的横坐标值是静态电压 U_{CEQ}，纵坐标值是静态电流 I_{CQ}。

例 4.1　试分别用估算法和图解法求图 4-7（a）所示放大电路的静态工作点，已知该电路中的三极管的 $\beta = 37.5$，电路的直流通路如图 4-7（b）所示，输出特性曲线如图 4-7（c）所示。

解： ① 用估算法求静态工作点

由式（4-2）~式（4-4）得

图 4-5　直流通路的输出回路

图 4-6　图解法求放大电路的静态工作点 Q

(a) 晶体管放大电路　　(b) 直流通路　　(c) 晶体管输出特性曲线

图 4-7　图解法求放大电路的静态工作点 Q

$$I_{BQ} \approx \frac{U_{CC}}{R_B} \approx 0.04 \ (\text{mA}) = 40 \ (\mu A)$$

$$I_{CQ} = \beta I_{BQ} = 37.5 \times 0.04 = 1.5 \ (\text{mA})$$

$$U_{CEQ} = U_{CC} - I_{CQ} R_C = 12 - 1.5 \times 4 = 6 \ (\text{V})$$

② 用图解法求静态工作点

由直流负载线 $U_{CE} = U_{CC} - I_C R_C$，得

$$U_{CE} = 12 - 4I_C$$

可求得直线和坐标轴的交点：M（12，0）和 N（0，3）。

直线 MN 与 $I_B = 40 \mu A$ 的那条输出特性曲线的交点，即是静态工作点 Q。从曲线上可查出：$I_{CQ} = 1.5\text{mA}$，$U_{CEQ} = 6\text{V}$。与估算法所得结果一致。

图解法确定共发射
极放大电路静态值

4．共发射极放大电路的动态分析

放大电路加上交流输入信号 u_i 后，u_i 和直流电源 U_{CC} 共同作用，因此，电路中既有直流量（U_{CC} 产生），又有交流量（u_i 产生）。各电压、电流都是在静态工作点 I_{BQ}、I_{CQ}、U_{BEQ}、U_{CEQ} 的基础上再叠加一个随着 u_i 变化的交流分量。对放大电路进行动态分析，既可以采用图解法，也可以采用微变等效电路法。

共发射极放大电路
放大原理

（1）图解法

① 根据输入电压 u_i，在输入特性曲线上求 i_B 和 u_{BE}

设输入信号为正弦电压 $u_i = U_{im}\sin\omega t$，则三极管发射结上的总电压为

$$u_{BE} = U_{BEQ} + u_i = U_{BEQ} + U_{im}\sin\omega t \tag{4-6}$$

如图 4-8（a）中曲线①所示，在三极管输入特性上可以画出对应的 i_B 的波形（曲线②），i_B 也随着输入信号按正弦规律变化，即

(a) 输入回路　　　　　　　　　　　　(b) 输出回路

图 4-8　放大电路的动态分析

$$i_B = I_{BQ} + i_b = I_{BQ} + I_{bm}\sin\omega t \tag{4-7}$$

② 根据输出端负载在输出特性曲线上求 i_C 和 u_{CE}

由图 4-4（b）所示放大电路的交流通路可以看出，输出回路电压电流的关系为

$$u_{ce} = -i_c R_L' \tag{4-8}$$

式中，$u_{ce} = u_{CE} - U_{CEQ}$，$i_c = i_C - I_{CQ}$，$R'_L = R_C // R_L$，$R'_L$ 为输出端交流等效负载电阻。

在三极管输出特性曲线上，过点 Q 作出方程（4-8）对应的直线 AB，直线 AB 的斜率为 $-1/R'_L$。直线 AB 称为交流负载线。

图解法确定共发射极放大电路的交流负载线

由 i_B 的变化在输出特性曲线上作出 i_C 和 u_{CE} 的波形（曲线③和④），可得集电极总电流

$$i_C = I_{CQ} + i_c = I_{CQ} + I_{cm}\sin\omega t \tag{4-9}$$

总的管压降

$$u_{CE} = U_{CEQ} + u_{ce} = U_{CEQ} + U_{cem}\sin(\omega t - \pi) \tag{4-10}$$

③ 放大电路的非线性失真分析

所谓失真，是指输出信号的波形与输入信号波形不一致。这种由于三极管特性的非线性造成的失真称为非线性失真。下面分析两种非线性失真。

图解法确定共发射极放大电路的非线性失真

（a）截止失真

当放大电路的静态工作点 Q 选取比较低时，I_{BQ} 较小，输入信号的负半周进入截止区而造成的失真称为截止失真。图 4-9（a）所示为放大电路的截止失真。u_i 负半周进入截止区造成 i_b 失真，从而引起 i_c 失真，最终使 u_o 失真。

（a）截止失真

（b）饱和失真

图 4-9　放大电路的非线性失真

（b）饱和失真

当放大电路的静态工作点 Q 选取比较高时，I_{BQ} 较大，U_{CEQ} 较小，输入信号的正半周进入饱和区而造成的失真称为饱和失真。图 4-9（b）所示为放大电路的饱和失真。u_i 正半周进入饱和区造成 i_c 失真，从而使 u_o 失真。

假如输入信号幅度过大，即使静态工作点 Q 的位置适中，也可能同时出现截止失真和饱和失真（双向失真）。

通常可以通过用示波器观察 u_o（u_{ce}）的波形来判别失真的类型，当正半周出现了平顶（顶部失真）是截止失真，当负半周出现了平顶（底部失真）是饱和失真。

需要指出，对于 PNP 管，由于是负电源供电，失真的表现形式与 NPN 管正好相反。

由以上分析可知，为了减小和避免非线性失真，必须合理地选择静态工作点的位置，并适当限制输入信号的幅度。一般情况下，静态工作点应大致选在交流负载线的中点，当 u_i 幅值较小时，为了减小管子的功率损耗和噪声，点 Q 可适当低些。若出现了截止失真，通常可以采用提高静态工作点 Q 的办法来消除它，这可以通过减小基极偏置电阻 R_B 值来实现。若出现了饱和失真，则应将 R_B 值增大，使点 Q 适当地离开饱和区。

（2）微变等效电路法

① 基本思路

把非线性元件三极管所组成的放大电路等效成一个线性电路，就是放大电路的微变等效电路，然后用线性电路的分析方法来分析，这种方法称为微变等效电路分析法。等效的条件是三极管在小信号（微变量）情况下工作。这样就能在静态工作点附近的小范围内，用直线段近似地代替三极管的特性曲线。

② 三极管微变等效电路

三极管输入特性曲线在点 Q 附近的微小范围内可以认为是线性的（见图 4-10（a））。当 u_{BE} 有一微小变化 Δu_{BE} 时，基极电流变化为 Δi_B，两者的比值称为三极管的动态输入电阻，用 r_{be} 表示，即

$$r_{be} = \frac{\Delta u_{BE}}{\Delta i_B} = \frac{u_{be}}{i_b}$$

对于低频小功率三极管，可用下式估算。

$$r_{be} = 300 + (1+\beta)\frac{26(\mathrm{mV})}{I_{EQ}(\mathrm{mA})} \tag{4-11}$$

式中，300 为三极管的基区体电阻；$(1+\beta)\dfrac{26(\mathrm{mV})}{I_{EQ}(\mathrm{mA})}$ 为三极管发射极电阻；I_{EQ} 是三极管的静态发射极电流，可近似用三级管的静态集电极电流 I_{CQ} 代替。r_{be} 值与点 Q 密切相关，点 Q 位置越高，I_{EQ} 越大，r_{be} 值越小。r_{be} 的值一般为几百欧到几千欧。

同样，三极管输出特性曲线在放大区域内可认为呈水平线（见图 4-10（b）），集电极电流的微小变化 Δi_C 仅与基极电流的微小变化 Δi_B 有关，而与电压 u_{CE} 无关，故集电极和发射极之间可等效为一个受 i_b 控制的电流源，即

$$i_c = \beta i_b$$

（a）输入特性曲线　　　　（b）输出特性曲线

图 4-10　三极管的输入输出特性曲线的线性区域

因此，三极管的微变等效电路如图 4-11 所示。

（a）晶体管电路　　　　（b）三极管的微变等效电路

图 4-11　三极管的微变等效电路

③ 放大电路的微变等效电路分析

在共发射极放大电路的交流通路中将三极管用微变等效电路代替，就得到该放大电路的微变等效电路，如图 4-12 所示。一般情况下，输入信号是正弦量，电路中的各电压、各电流也都是正弦量，因此，微变等效电路中的各电量均用相量表示。用微变等效电路法可以求解电路的动态参数，包括电压放大倍数 $\dot{A}_u$，输入电阻 R_i、输出电阻 R_o 等。

共发射极放大电路的微变等效电路法

图 4-12　共发射极放大电路的微变等效电路

（a）电压放大倍数 $\dot{A}_u$

放大电路的电压放大倍数 $\dot{A}_u$ 定义为输出电压的相量与输入电压的相量的比值，即

$$\dot{A}_u = \frac{\dot{U}_o}{\dot{U}_i}$$

（4-12）

由图 4-12 可得

$$\dot{A}_u = \frac{\dot{U}_o}{\dot{U}_i} = \frac{-R'_L \dot{I}_c}{r_{be} \dot{I}_b} = \frac{-R'_L \beta \dot{I}_b}{r_{be} \dot{I}_b} = -\frac{\beta R'_L}{r_{be}} \tag{4-13}$$

式中，$R'_L = R_C // R_L$，为输出端的交流等效负载电阻；负号表示输出电压 u_o 与输入电压 u_i 的相位相反。

当负载电阻开路（$R_L = \infty$）时，

$$\dot{A}_u = -\frac{\beta R_C}{r_{be}} \tag{4-14}$$

可见，接上负载电阻后，$R'_L < R_L$，其电压放大倍数下降。

（b）输入电阻 R_i

放大电路的输入电阻 R_i 是从放大电路的输入端看进去的等效电阻，它定义为输入电压的相量与输入电流的相量的比值，从图 4-13 可以得到

$$R_i = \frac{\dot{U}_i}{\dot{I}_i} = R_B // r_{be} \tag{4-15}$$

图解法确定共发射极放大电路的电压放大倍数

通常基极偏置电阻 R_B 为几十千欧至几百千欧，$R_B \gg r_{be}$，所以 R_i 近似等于 r_{be}。但应注意，两者的概念是不同的，R_i 是放大电路的输入电阻，而 r_{be} 是三极管的输入电阻。

（c）输出电阻 R_o

放大电路的输出电阻 R_o 定义为从放大电路的输出端看进去的等效电阻。图 4-14 所示为求解输出电阻的等效电路，故

图 4-13 求输入电阻的电路　　　　　图 4-14 求输出电阻的电路

$$R_o = \frac{\dot{U}_T}{\dot{I}_T}\bigg|_{u_S=0,\ R_L \to \infty} \tag{4-16}$$

$$\approx R_C$$

对于负载而言，放大器的输出电阻 R_o 越小，负载电阻 R_L 的变化对输出电压的影响就越小，表明放大器带负载能力越强，因此总希望 R_o 越小越好。上式中 R_o 在几千欧到几十千欧，是比较大的，并不理想。

例 4.2　在图 4-7 所示的电路中，已知 $U_{CC} = 12\text{V}$，$R_B = 300\ \text{k}\Omega$，$R_C = 3\ \text{k}\Omega$，$R_L = 3\ \text{k}\Omega$，

$R_s = 3\,\text{k}\Omega$，$\beta = 50$，试求：

① 静态工作点；

② R_L 接入和断开两种情况下电路的电压放大倍数 $\dot{A}_u$；

③ 输入电阻 R_i 和输出电阻 R_o；

④ 输出端开路时的源电压放大倍数 $\dot{A}_{uS} = \dfrac{\dot{U}_o}{\dot{U}_S}$。

解： ① 静态工作点

$$I_{BQ} = \frac{U_{CC} - U_{BEQ}}{R_B} \approx \frac{U_{CC}}{R_B} = \frac{12}{300} = 40\,(\mu A)$$

$$I_{CQ} = \beta I_{BQ} = 50 \times 0.04 = 2\,(\text{mA})$$

$$U_{CEQ} = U_{CC} - I_{CQ}R_C = 12 - 2 \times 3 = 6\,(\text{V})$$

故点 Q 的坐标为（6，2）即是静态工作点。

② 先求三极管的动态输入电阻

$$r_{be} = 300 + (1 + \beta)\frac{26(\text{mV})}{I_{EQ}(\text{mA})} = 300 + (1 + 50)\frac{26}{2} = 963\Omega = 0.963\text{k}\Omega$$

R_L 接入时的电压放大倍数 $\dot{A}_u$ 为

$$\dot{A}_u = -\frac{\beta R_L'}{r_{be}} = -\frac{50 \times \dfrac{3 \times 3}{3 + 3}}{0.963} = -78$$

R_L 断开时的电压放大倍数 $\dot{A}_u$ 为

$$\dot{A}_u = -\frac{\beta R_C}{r_{be}} = -\frac{50 \times 3}{0.963} = -156$$

③ 输入电阻 R_i 为

$$R_i = R_B // r_{be} = 300 // 0.963 \approx 0.96\text{k}\Omega$$

输出电阻 R_o 为

$$R_o = R_C = 3\text{k}\Omega$$

④ 源电压放大倍数：$\dot{A}_{us} = \dfrac{\dot{U}_o}{\dot{U}_s} = \dfrac{\dot{U}_i}{\dot{U}_s} \times \dfrac{\dot{U}_o}{\dot{U}_i} = \dfrac{R_i}{R_s + R_i}\dot{A}_u \approx \dfrac{1}{3 + 1} \times (-156) = -39$

（二）静态工作点稳定的放大电路——分压式偏置电路

1. 温度变化对静态工作点的影响

共发射极基本放大电路（见图 4-2）的偏置电流 I_B 与偏置电阻 R_B 成反比（见式（4-2）），当 R_B 不变时，I_B 也不变，故称为固定偏置电路。它虽然结构简单、易于调整，但电路的静态工作点极易受到外界环境因素（如电源电压的波动和温度变化等）的影响。温度变化引起三极管参数的变化，在导致点 Q 不稳定的诸多因素中是最主要的。

当环境温度升高时，三极管的电流放大系数 β 和穿透电流 I_{CEO} 将随之变大。而外加发射结电压 U_{BE} 不变时，基极电流也会变大，这些均可归结为集电极电流 I_C 变大，如图 4-15 所

示。所以，虽然电路结构和参数都不变，但静态工作点向左上方移动至
Q'，严重时甚至接近饱和区。显然在这种情况下，要将点 Q 移回到原来
的位置，应适当减小偏置电流 I_B。因此，稳定静态工作点的实质是在环
境温度变化时，利用直流负反馈或温度补偿的方法，使 I_B 的变化与 I_C
的变化方向相反，即用 I_B 的变化抵消 I_C 的变化，从而维持点 Q 基本不
变。这通常采用分压式偏置电路来实现。

温度对共发射极放大电
路静态工作点的影响

图 4-15　温度对 Q 的影响

2．分压式偏置电路

（1）电路的组成

稳定静态工作点的典型电路——分压式偏置电路如图 4-16（a）所示，与固定偏置放大
电路相比，分压式偏置电路增加了下偏置电阻 R_{B2}、发射极电阻 R_E 和旁路电容 C_E。由于基极
回路采用电阻 R_{B1} 和 R_{B2} 构成分压电路，故而得名。

（2）稳定静态工作点的原理

分压式偏置电路的直流通路如图 4-16（b）所示。对于结点 B，可写出 KCL 方程
$I_1 = I_{BQ} + I_2$。为了稳定静态工作点，应适当选取参数，使 $I_1 = I_2 \gg I_B$，因而有基极对地
电位

（a）分压式偏置电路　　　　　（b）直流通路

图 4-16　采用分压式偏置电路的放大电路

$$U_B \approx \frac{R_{B2}}{R_{B1} + R_{B2}} U_{CC}$$

$$（4\text{-}17）$$

式（4-17）表明，U_B 基本取决于电路参数，而与温度无关，即当上、下偏置电阻和电源电压 U_{CC} 确定以后，U_B 保持基本不变。当 $U_B \gg U_{BE}$ 时，电路的发射极静态电流可用下式估算。

$$I_{EQ} = \frac{U_B - U_{BE}}{R_E} \approx \frac{U_B}{R_E}$$

（4-18）

当 U_B、R_E 一定时，$I_{CQ} \approx I_{EQ}$，也保持基本稳定，不仅受温度影响很小，而且与三极管参数几乎无关。当换用参数不同的三极管时，也可以保持静态工作点基本不变。

当温度 T 升高时，分压式偏置电路稳定静态工作点的物理过程可表示如下：

$$T \uparrow \rightarrow I_{CQ} \uparrow \rightarrow I_E \uparrow \rightarrow U_E \xrightarrow{U_B = 常数} U_{BE} \downarrow$$
$$I_{CQ} \downarrow \longleftarrow I_{BQ} \downarrow \longleftarrow$$

其中，$U_{BE} = U_B - U_E$。在 U_B 基本不变时，I_{CQ}、U_{EQ} 的增加，使发射结电压 U_{BE} 减小，进而引起 I_{BQ}、I_{CQ} 的减小，使 I_{CQ} 的增加得到了抑制。在这个电路中，通过电阻 R_E 将 $I_{EQ}(I_{CQ})$ 的变化送回了输入端，从而稳定了电路的静态工作点。故也将该电路称为分压式电流负反馈偏置电路。

（3）静态分析

这里采用估算法对分压式偏置电路进行静态分析。

由前面两式可估算出集电极电流为

$$I_{CQ} \approx I_{EQ} = \frac{U_B - U_{BE}}{R_E}$$

（4-19）

进而有

$$I_{BQ} = I_{CQ}/\beta$$

$$U_{CEQ} = U_{CC} - I_{CQ}R_C - I_{EQ}R_E \approx U_{CC} - I_{CQ}(R_C + R_E)$$

（4-20）

（4）动态分析

图 4-16 所示电路的微变等效电路如图 4-17（b）所示。若将 R_{B1}、R_{B2} 等效成一个电阻 $R_B = R_{B1} // R_{B2}$，与图 4-12 对比则可看出，分压式偏置电路与固定偏置电路的微变等效电路是完全相同的，所以有电压放大倍数、输入电阻和输出电阻分别为

$$\dot{A}_u = \frac{\dot{U}_o}{\dot{U}_i} = -\frac{\beta R'_L}{r_{be}} = -\frac{\beta(R_C // R_L)}{r_{be}}$$

（4-21）

$$r_i = \frac{\dot{U}_o}{\dot{I}_i} = R_{B1} // R_{B2} // r_{be}$$

（4-22）

$$r_o = R_C$$

(a) 交流通路

(b) 微变等效电路

图 4-17　分压式偏置电路的微变等效电路

若将放大电路中发射极旁路电容 C_E 开路，由图可知，输入电压和输出电压为

$$\dot{U}_i = \dot{I}_b r_{be} + \dot{I}_e R_E = \dot{I}_b r_{be} + (1+\beta)\dot{I}_b R_E$$

$$\dot{U}_o = -\beta \dot{I}_b R'_L$$

所以有

$$\dot{A}_u = \frac{\dot{U}_o}{\dot{U}_i} = -\frac{-\beta \dot{I}_b R'_L}{\dot{I}_b[r_{be} + (1+\beta)R_E]} = -\frac{\beta R'_L}{r_{be} + (1+\beta)R_E} \tag{4-23}$$

$$r_i = \frac{\dot{U}_i}{\dot{I}_i} = R_{B1} /\!/ R_{B2} /\!/ [r_{be} + R_E] \tag{4-24}$$

$$r_o = R_C$$

对比式（4-21）和式（4-23）以及式（4-22）和式（4-24）可看出，当去掉旁路电容 C 时，发射极电阻 R_E 对电压放大倍数的影响很大，使 $\dot{A}_u$ 大大下降，但却提高了输入电阻，改善了放大电路的性能。因为当信号源为电压源时，放大电路的输入电阻高，这将使其从信号源得到更大的输入电压，而索取的输入电流则较小，即减小了放大电路对信号源的影响。

例 4.3　图 4-16 所示电路中，已知 $U_{CC} = 12\text{V}$，$R_{B1} = 20\text{k}\Omega$，$R_{B2} = 10\text{k}\Omega$，$R_C = 3\text{k}\Omega$，$R_E = 2\text{k}\Omega$，$R_L = 3\text{k}\Omega$，$\beta = 50$。试估算静态工作点，并求出电压放大倍数、输入电阻和输出电阻。

解：　① 用估算法计算静态工作点

$$U_B = \frac{R_{B2}}{R_{B1} + R_{B2}} U_{CC} = \frac{10}{20+10} \times 12 = 4(\text{V})$$

$$I_{CQ} \approx I_{EQ} = \frac{U_B - U_{BEQ}}{R_E} = \frac{4 - 0.7}{2} = 1.65(\text{mA})$$

$$I_{BQ} = \frac{I_{CQ}}{\beta} = \frac{1.65}{50}\text{mA} = 33\mu\text{A}$$

$$U_{CEQ} = U_{CC} - I_{CQ}(R_C + R_E)$$
$$= 12 - 1.65 \times (3+2) = 3.75\text{V}$$

故点 Q 的坐标为（3，1.65）即是静态工作点。

② 求电压放大倍数

$$r_{be} = 300 + (1+\beta)\frac{26}{I_{EQ}} = 300 + (1+50)\frac{26}{1.65} = 1100(\Omega) = 1.1(k\Omega)$$

$$\dot{A}_u = -\frac{\beta R'_L}{r_{be}} = -\frac{50 \times \dfrac{3 \times 3}{3+3}}{1.1} = -68$$

③ 求输入电阻和输出电阻

$$R_i = R_{B1} // R_{B2} // r_{be} = 20 // 10 // 1.1 = 0.994(k\Omega)$$

$$R_o = R_C = 3k\Omega$$

（三）共集电极放大电路和共基极放大电路

1. 共集电极放大电路

共集电极放大电路如图 4-18 所示。从交流通路看，三极管的集电极是交流地电位，输入信号和输出信号以它为公共端，故称共集电极放大电路。由于信号从发射极与地之间取出，所以又称为射极输出器。

共集电极放大电路

（1）静态分析

当输入信号 $u_i = 0$ 时，电路工作于直流工作状态。将耦合电容 C_1、C_2 视为开路，两个电容之间由电源 U_{CC}、三极管 VT 和电阻 R_B、R_E 组成的部分即为直流通路，由此可求出静态值。列出输入回路的 KVL 方程

$$U_{CC} = I_B R_B + U_{BE} + I_E R_E = I_B R_B + U_{BE} + (1+\beta)I_B R_E$$

故有

$$I_B = \frac{U_{CC} - U_{BE}}{R_B + (1+\beta)R_E} \tag{4-25}$$

$$I_E = (1+\beta)I_B$$

$$U_{CE} = U_{CC} - I_E R_E \tag{4-26}$$

（2）动态分析

当加入输入信号 u_i 时，首先画出射极输出器的微变等效电路，如图 4-19 所示，由此可对放大电路进行动态分析。

图 4-18　共集电极放大电路

图 4-19　微变等效电路

① 电压放大倍数

对输入回路，可列出 KVL 方程 $\dot{U}_i = \dot{I}_b r_{be} + \dot{I}_e(R_E // R_L) = \dot{I}_b r_{be} + (1+\beta)\dot{I}_b R_L'$

式中，$R'_L = R_E // R_L$ 为电路的等效负载电阻。

对输出回路 $$\dot{U}_o = \dot{I}_e R_L' = (1+\beta)\dot{I}_b R_L'$$

故有电压放大倍数

$$\dot{A}_u = \frac{\dot{U}_o}{\dot{U}_i} = \frac{(1+\beta)\dot{I}_b R_L'}{\dot{I}_b r_{be} + (1+\beta)\dot{I}_b R_L'} = \frac{(1+\beta)R_L'}{r_{be} + (1+\beta)R_L'} \tag{4-27}$$

由式（4-27）可见，$\dot{A}_u > 0$，即 $\dot{U}_o$ 与 $\dot{U}_i$ 同相位。当 $(1+\beta)R_L' \gg r_{be}$ 时，$\dot{A}_u = 1$，$\dot{U}_o = \dot{U}_i$，即射极输出器没有电压放大能力，但由三极管电流关系式 $\dot{I}_e = (1+\beta)\dot{I}_b$ 可知，共集电极电路能够放大电流，从而放大功率。因为输出电压总是与输入电压的变化趋势相同，所以这种电路也称为射极跟随器。

② 输入电阻

由 $\dot{U}_i$ 的表达式可得 $$r_i' = \frac{\dot{U}_i}{\dot{I}_b} = \frac{[r_{be} + (1+\beta)R_L']\dot{I}_b}{\dot{I}_b} = r_{be} + (1+\beta)R_L'$$

故有 $$r_i = \frac{\dot{U}_i}{\dot{I}_i} = R_B // r_i' = R_B // [r_{be} + (1+\beta)R_L'] \tag{4-28}$$

式（4-28）表明，共集电极放大电路比共发射极放大电路具有更大的输入电阻，通常可达到几十到几百千欧。

③ 输出电阻

为了推导输出电阻的表达式，利用外加电源法求含受控源二端网络的等效电阻。令图 4-18 中的输入信号 $\dot{U}_S = 0$，保留信号源内阻 R_S，同时去掉负载电阻 R_L，在输出端外加一电压源 $\dot{U}$，并由 $\dot{U}$ 的方向标出电流 $\dot{I}_b$ 的方向，再由 $\dot{I}_b$ 的方向标出 $\beta\dot{I}_b$ 的方向，如图 4-20 所示。

图 4-20 求输出电阻的等效电路

列出 KCL 电流方程，并代入

$$\dot{I}_b = \frac{\dot{U}}{r_{be} + R_S // R_B}$$

有 $$\dot{I} = \dot{I}_{R_E} + \dot{I}_b + \beta\dot{I}_b = \dot{I}_{R_E} + (1+\beta)\dot{I}_b$$

$$= \frac{\dot{U}}{R_{\text{E}}} + (1+\beta)\frac{\dot{U}}{r_{\text{be}} + R_{\text{S}} /\!/ R_{\text{B}}} = \dot{U}\left(\frac{1}{R_{\text{E}}} + \frac{1+\beta}{r_{\text{be}} + R_{\text{S}}'}\right)$$

故有输出电阻

$$r_{\text{o}} = \frac{\dot{U}}{\dot{I}} = R_{\text{E}} /\!/ \frac{r_{\text{be}} + R_{\text{S}}'}{1+\beta} \tag{4-29}$$

式中，$R_{\text{S}}' = R_{\text{S}} /\!/ R_{\text{B}}$。

很显然，射极输出器的输出电阻可视为两部分并联，可将 $\left(\dfrac{r_{\text{be}} + R_{\text{S}}'}{1+\beta}\right)$ 看成是将基极回路电阻（$r_{\text{be}} + R_{\text{S}}'$）折算到发射极回路，其阻值除以（$1+\beta$）。通常 $\beta \gg 1$，所以输出电阻 r_{o} 的数值很小，一般在几到几十欧。

2．共基极放大电路

图 4-21（a）所示为共基极放大电路的原理图，R_{C} 为集电极电阻，R_{B1} 和 R_{B2} 为基极偏置电阻，用来保证三极管有合适的静态工作点。图 4-21（b）所示为它的交流通路。信号由发射极加入，由集电极取出，所以基极是输入和输出回路的公共端。

共基放大电路

关于共基极放大电路的分析计算，通过下面的例题来介绍。

例 4.4 电路如图 4-21（a）所示，三极管的 $\beta=50$。试分析它的静态情况，并求出它的电压放大倍数、输入和输出电阻。

解：求点 Q。

(a) 原理图   (b) 交流通路

图 4-21　共基极放大电路

首先画出图 4-21（a）的直流通路，显然与图 4-16 所讨论的射极偏置电路的直流通路相同，因而其点 Q 所求方法相同，这里不再赘述。

利用微变等效电路计算电压放大倍数、输入电阻和输出电阻。

微变等效电路如图 4-22 所示，由图可知

$$u_{\text{o}} = -\beta i_{\text{b}}(R_{\text{C}} /\!/ R_{\text{L}}) \tag{4-30}$$

$$u_{\text{i}} = -i_{\text{b}}r_{\text{be}} \tag{4-31}$$

又因为

图 4-22 共基极放大电路的微变等效电路

$$r_{be} = 200 + (1+\beta)\frac{26}{I_E} = 200 + (1+51)\frac{26}{1.46} = 1108(\Omega) \tag{4-32}$$

所以电压放大倍数 A_u 为

$$A_u = \frac{u_o}{u_i} = \frac{\beta(R_L // R_C)}{r_{be}} \tag{4-33}$$

可见共基放大电路的输出电压与输入电压同相。

电路输入电阻为

$$R_i = R_E // \frac{r_{be}}{1+\beta} = 21.4(\Omega) \tag{4-34}$$

电路输出电阻为：

$$R_o \approx R_C = 3.3(k\Omega) \tag{4-35}$$

综上分析可知，共基极放大电路的特点是电压放大倍数较大，输出电压与输出电压同相，输入电阻较低，输出电阻较高。

3．三种组态放大电路的比较

以上分别讨论了共发射极、共集电极、共基极 3 种组态的放大电路，它们的直流偏置电路基本相同，不同点主要体现在交流通路和动态指标上。它们的主要性能特点及应用总结如下（假定元器件配置基本相同）。

① 共发射极放大电路的电压放大倍数较大，且输出电压与输入电压反相；它的电流放大倍数也较大；输入电阻和输出电阻大小适中。该放大电路多用于多级放大电路的中间级。

② 共集电极放大电路的电压放大倍数小于或接近 1，且输出电压与输出电压同相；它的电流放大倍数较大，可以放大电流和功率；输入电阻较大，输出电阻较小。该放大电路常用于多级放大电路的输入级、隔离级或输出级。

③ 共基极放大电路的电压放大倍数也较大，且输出电压与输入电压同相；它的电流放大倍数总小于 1，不能放大电流；输入电阻较小，输出电阻大小适中。该放大电路频率特性较好，常用于宽带放大电路和高频放大电路。

（四）差动放大电路

在实际的自动控制系统中，被控制量大多是模拟量，如温度、压力、流量等，它们经传感器转换成微弱的、变化缓慢的"直流"信号，送到放大器中进行放大，或经信号处理，再输出进行系统控制。此时放大器只能采用直接耦合方式，其电路形式如图 4-23 所示。由于没有了耦合电容，放大电路具有良好的低频特性，较宽的通频带，直流放大器的幅频特性如图 4-24 所示。直接耦合放大器也称为直流放大器，集成电路中均采用直接耦合方式。

图 4-23　直接耦合放大电路

图 4-24　直流放大器的幅频特性

1．直接耦合放大电路的零点漂移

直接耦合方式用导线将前、后级直接相连，两级之间的直流通路和交流通路均相互连通，因此带来了两方面的问题，①前、后级静态工作点的互相影响；②零点漂移。第一个问题的解决应在配置电路参数时，统一考虑前、后两级的静态工作点；第二个问题需要重点讨论。

（1）零点漂移现象及其产生原因

在理想状态下，若直接耦合放大电路的输入信号 $u_i=0$ 时，输出电压 u_o 应不随时间变化，即 $u_i=0$ 时 $u_o=$ 常数，但实际情况并非如此。如果在放大电路输出端接一灵敏的直流电压表，就会测量到缓慢变化的输出电压，如图 4-25 所示，这种现象称为零点漂移。

(a) 测试电路　　　　　　　　　(b) 输出电压的漂移

图 4-25　零点漂移现象

事实上，零点漂移存在于任何耦合方式的放大电路中。阻容耦合放大电路不会将这种变化缓慢的漂移电压传输到下一级进行逐级放大，因此对放大电路的工作不会有太大影响。但对直接耦合放大器则会产生比较严重的后果，漂移电压会逐级传送和逐级放大，甚至在输出端会分不清信号和漂移，使放大电路不能正常工作。

在放大电路中，很多原因都会引起零点漂移，如电源电压的波动、电路元件的老化、三极管参数（β、U_{BE}、I_{CEO} 等）受温度影响而产生的变化等。后者是产生零点漂移的最主要原因，有时也称零点漂移为温度漂移。

（2）抑制零点漂移的方法

抑制零点漂移的实质就是稳定放大电路的静态工作点。归纳起来，抑制零点漂移的方法有以下几种：

差动放大电路组成

① 采用直流负反馈处理；

② 采用温度补偿的方法，用热敏元件补偿晶体管参数随温度变化对放大器工作性能的影响；

差动放大电路的原理

③ 采用特性和参数基本相同的两个三极管构成"差动放大器"，使它们的漂移在放大电路输出端相互抵消。差动放大电路是一种非常有效的抑制零点漂移的电路形式。

2．差动放大电路的组成和工作原理

（1）差动放大电路的组成

差动放大器的原理电路如图 4-26 所示，电路由 VT_1 和 VT_2 为核心的两个共发射极电路组成，要求两个管子的特性和参数相同，两边的电路结构对称，对应的电阻参数也相等，因此它们静态工作点相同。输入信号分别从两管的基极与地之间加入，输出信号从两管的集电极之间取出。

图 4-26　差动放大电路原理图

（2）抑制零点漂移的原理

由于两管特性相同，所以当温度或其他外界条件发生变化时，两管的集电极电流 I_{CQ1} 和 I_{CQ2} 的变化规律始终相同，结果使两管的集电极电位 U_{CQ1}、U_{CQ2} 始终相等，从而使 $U_{OQ} = U_{CQ1} - U_{CQ2} = 0$，因此消除了零点漂移。

差动放大电路的应用

在电路采用双端输出和理想对称的情况下，只要两管的漂移是同方向的，均能得到完全抑制，这是差动放大器得到广泛应用的主要原因。

（3）差模输入和共模输入

由于两管输入信号分别加入，因此两个输入信号之间必然有大小和相位上的关系，共分为以下 3 种情况。

① 差模输入。两个输入信号大小相等，极性相反，称为差模信号，即 $u_{i1} = -u_{i2}$。此时两管各自的输出电压也是大小相等，极性相反，即 $u_{o2} = -u_{o1}$，故有 $u_o = u_{o1} - u_{o2} = 2u_{o1}$。差模输出电压是每管输出电压的两倍，可以实现差模电压放大。

② 共模输入。两个输入信号大小相等，极性相同，称为共模信号，即 $u_{i1} = u_{i2}$，两管的输出电压也是大小相等，极性相同，即 $u_{o2} = u_{o1}$，故有 $u_o = u_{o1} - u_{o2} = 0$，共模输出电压为零。因此在理想对称的情况下，差动放大电路对共模输入信号没有放大作用。

差动放大电路的输入信号

③ 任意输入。两个输入信号大小和极性是任意的，为了便于分析，可将它们分解为一

对差模信号与一对共模信号的和。分解方法如下：两个输入信号 u_{i1} 和 u_{i2} 的差模输入分量 u_{id} 和共模输入分量 u_{ic} 分别为

$$u_{id}=\frac{1}{2}\left(u_{i1}-u_{i2}\right) \tag{4-36}$$

$$u_{ic}=\frac{1}{2}\left(u_{i1}+u_{i2}\right) \tag{4-37}$$

例如，$u_{i1}=7mV$，$u_{i2}=-3mV$，则分解后得 $u_{id}=5mV$，$u_{ic}=2mV$。此时对差动放大电路进行动态分析，即先进行差模分析和共模分析，再利用叠加原理对差模输出分量与共模输出分量求代数和。

3. 差动放大电路的输入输出方式

差动放大电路共有 4 种输入、输出的连接方式：双端输入双端输出、单端输入单端输出、双端输入单端输出、单端输入双端输出。本节重点分析前两种。

（1）双端输入双端输出电路

① 典型差动放大电路的结构

利用图 4-28 所示的典型差动放大电路来分析双端输入双端输出电路的动态工作情况和特点。与差动放大器原理电路相比，典型差动放大电路多出了 3 个元件，调零电位器 R_P，发射极电阻 R_E 和负电源 U_{EE}。它们在电路中所起的作用如下所述。

图 4-27　双端输入双端输出差动放大电路

（a）电位器 R_P：由于实际电路元件参数和特性的分散性，使得两边电路不能完全对称，因此用 R_P 调整偏置电流，使电路在 $u_i=0$ 时，$u_o=0$。通常选取 R_P 为几十到几百欧姆。

（b）R_E 的作用是稳定静态工作点，减小零点漂移。当有共模信号输入时，R_E 同样具有负反馈的作用，而且由于流入 R_E 的电流是 $2i_e$，所以负反馈的作用更强，大大减小了输出电压 u_o 中的共模分量。故将 R_E 称为共模负反馈电阻。实际上，可将零点漂移看成是共模信号的一种形式。通常 R_E 的阻值选为几到十几千欧。

（c）加入负电源 U_{EE} 是为了补偿 R_E 上的压降，保证静态时基极电位 $V_B\approx0$，以减小干扰对差动放大电路的影响。在多数情况下，电源 U_{EE} 与 U_{CC} 的数值相等。

② 差模电压放大倍数 A_d

典型差动放大电路加差模输入信号时的交流通路如图 4-28（a）所示。由于两个输入信

号大小相等，方向相反，在电阻 R_E 上引起的电流 $i_{e1} = -i_{e2}$，互相抵消掉，所以 R_E 对差模信号不产生压降。而 R_P 对差模信号会产生压降，且具有一定的负反馈作用，但因其阻值较小可忽略不计，因此图 4-28 中没有画出电阻 R_E 和 R_P。

由电路结构的对称性有

$$u_{i1} = -u_{i2} = \frac{1}{2} u_i$$

$$u_{o2} = -u_{o1}$$

$$u_o = u_{o1} - u_{o2} = 2u_{o1}$$

u_{o1} 与 u_{o2} 大小相等、极性相反，所以负载电阻的中点为交流信号的地电位，相当于每管接负载 $R_L/2$。画出单管差模信号微变等效电路如图 4-28（b）所示。差动放大电路的差模电压放大倍数为

$$A_d = \frac{u_o}{u_i} = \frac{2u_{o1}}{2u_{id1}} = A_{d1} = -\frac{\beta R_L'}{R_B + r_{be}} \tag{4-38}$$

(a) 差模输入信号交流通路　　　　　　(b) 单管差模信号微变等效电路

图 4-28　差动放大器差模输入信号交流通路及其微变等效电路

式中，$R_L' = R_C // (R_L/2)$ 为差动放大电路双端输出时的等效负载。负号表示输出电压 u_o 与输入电压 u_i 的极性相反。虽然差模放大倍数与单管电压放大倍数相等，但电路对共模信号和零点漂移的抑制作用却大大加强。若将零点漂移视为共模信号的一种特例，则双端输出的差动放大电路抑制共模信号的措施有两条：一是利用对称性抵消共模输出信号；二是利用 R_E 的强负反馈作用来减小共模输出信号。

（2）单端输入单端输出电路

单端输入单端输出的差动放大电路如图 4-29（a）所示。单端输入电路看似只有一个管子加入了输入信号，但实际上可以通过信号分解，等效成两管各取得了差模信号 $u_i/2$、$-u_i/2$ 和共模信号 $u_i/2$，所以仍相当于双端输入，其输入信号等效电路如图 4-29（b）所示。

与双端输入差放电路不同，单端输入电路不仅加入了差模信号，而且同时加入了共模信号，输出电压也是差模输出分量和共模输出分量之和，即

$$u_{id} = \frac{1}{2} u_i, \quad u_{ic} = \frac{1}{2} u_i \quad u_o = u_{od} + u_{oc} = A_d u_i d + A_c u_{ic} \tag{4-39}$$

图 4-29 单端输入单端输出的差动放大电路

① 差模电压放大倍数

单端输出时，输出电压仅取自某一个管子的输出端，有

$$A_{d} = \frac{u_{o1}}{u_{i}} = \frac{u_{o1}}{2u_{id1}} = \frac{1}{2}A_{di} = -\frac{\beta R_{L}'}{2(R_{B} + r_{be})} \tag{4-40}$$

式中，$R_{L}' = R_{C} /\!/ R_{L}$ 为等效负载电阻。对比式（4-38）和式（4-39）可见，在差动放大电路输出端空载的条件下，单端输出的差模电压放大倍数为双端输出的差模电压放大倍数的一半。A_{d} 的大小只与输出方式有关，而与输入方式无关。

② 共模电压放大倍数

由于差动放大电路两边输入信号的共模分量大小相等，极性相同，所以流过 R_{E} 的电流为 $2i_{e}$，可以认为是 i_{e} 流过 $2R_{E}$，画出单管共模微变等效电路如图 4-30 所示。通常 $R_{E} \gg R_{P}$，故图中忽略了调零电位器 R_{P}。当 $2(1+\beta)R_{E} \gg R_{B} + r_{be}$ 时，共模电压放大倍数为

图 4-30 单管共模微变等效电路

$$A_{c} = \frac{u_{oc}}{u_{ic}} = -\frac{\beta(R_{C} /\!/ R_{L})}{R_{B} + r_{be} + 2(1+\beta)R_{E}}$$

$$\approx -\frac{\beta R_{L}'}{2(1+\beta)} \approx -\frac{R_{L}'}{2R_{E}} \tag{4-41}$$

式（4-41）表明差动放大器的共模电压放大倍数与 R_{E} 成反比，R_{E} 越大，对共模信号的负反馈作用就越强，共模输出电压也就越小。单端输出时，不可能利用两管对称来抵消共模输出电压 u_{oc}，只能利用 R_{E} 对共模信号的负反馈作用来减小 u_{oc}。

③ 共模抑制比

为了表示差动放大器对差模信号的放大能力和对共模信号的抑制能力，定义差模电压放大倍数 A_d 与共模电压放大倍数 A_c 之比为共模抑制比，用 K_{CMR} 表示，即

$$K_{CMR} = \frac{A_d}{A_c}$$

(4-42)

若用分贝表示，有

$$K_{CMR} = 20 \lg \left| \frac{A_d}{A_c} \right| \quad (dB)$$

（3）单端输入双端输出电路

具有恒流源的差动放大电路如图 4-31 所示，它采用单端输入双端输出的连接方式。

在图 4-32 中，恒流源由 VT_3、R_1、VD_Z 和 R_{E3} 组成，在不太高的电源电压（U_{EE}）下，恒流源既为差动放大电路设置了合适的静态工作点，又大大增强了共模负反馈作用。电阻 R_1 和稳压管 VD_Z 使三极管 VT_3 的基极电位 V_{B3} 固定，由于电路两边对称，有 $i_{c3} = i_{e1} + i_{e2} = 2i_{e1}$。当温度变化或加入共模信号时，$R_{E3}$ 的负反馈作用使 i_{c3} 保持基本不变，故具有恒流源的作用。若 VT_3 管的输出特性为理想特性曲线（即在放大区为水平线）时，恒流源的内阻为无穷大，相当于将典型差动放大电路中的 R_E 换成一个无穷大的电阻，使电路具有更强的抑制共模信号的能力。因此，虚线框内的电路可视为一个受控恒流源。

图 4-31　具有恒流源的单端输入双端输出差动放大器

（4）双端输入单端输出电路

这种连接方式常用来将差动信号转换成单端输出的信号，以便与后面的放大电路处于共地状态，运放中常常采用这种连接方式。

双端输入单端输出电路和单端输入双端输出电路的分析与前面两种电路形式的分析方法完全相同，此处不再推导。

表 4-1 所示为差动放大电路的 4 种输入输出方式的参数和性能指标。

表 4-1 　　　　　　　　　差动放大电路的 4 种输入输出方式的参数、性能指标

输入输出方式	双端输入 双端输出	单端输入 双端输出	双端输入 单端输出	单端输入 单端输出
差模电压 放大倍数	$\dot{A}_\mathrm{d} = -\beta \cdot \dfrac{R'_\mathrm{L}}{R_\mathrm{B} + r_\mathrm{be}}$ $R'_\mathrm{L} = R_\mathrm{C}\,//(R_\mathrm{L}/2)$		$\dot{A}_\mathrm{d} = -\dfrac{1}{2}\beta \cdot \dfrac{R'_\mathrm{L}}{R_\mathrm{B} + r_\mathrm{be}}$ $R'_\mathrm{L} = R_\mathrm{C}\,//\,R_\mathrm{L}$	
差模输入电阻	$R_\mathrm{id} = 2(R_\mathrm{B} + r_\mathrm{be})$			
差模输出电阻	$R_\mathrm{od} = 2R_\mathrm{C}$		$R_\mathrm{od} = 2R_\mathrm{C}$	
适用场合	对称输入、对称输出且输入、输出不需要接地的场合	对地输入并转换为双端输出的场合	双端浮地输入并转换为单端对地输出的场合	对地输入、输出的场合

三、项目实施

任务一　使用 Multisim 测试共发射极放大电路

1. 实施要求

① 能设置静态工作点；

② 会分析输入信号的变化对放大电路输出的影响；

③ 会测量放大电路的放大倍数、输入电阻和输出电阻。

2. 实施步骤

（1）静态工作点的设置

首先，在 Multisim 电路窗口创建图 4-32 所示的电路，运行仿真开关，双击示波器图标，可看到图 4-33 所示的输出波形。

图 4-32　单级共发射极放大电路

图 4-33　共发射极放大电路输出波形 1

然后，双击电阻 R_3 图标，改变元件参数为 R_3=27kΩ，可看到输出波形如图 4-34 所示。

很显然，由于 R_3 增大，三极管基极偏压增大，致使基极电流、集电极电流增大，工作点上移，输出波形出现了饱和失真。

在电路窗口单击鼠标右键，在弹出的快捷菜单中点击【show】命令，选择【show node names】。启动 Simulate 菜单中【Analysis】下的【DC Operating Point】命令，在弹出的对话框中的【Output variables】页将节点 3，4，7 作为仿真分析节点。单击【Simulate】按钮，可获得仿真结果如下：$V_3 = 1.81598V$，$V_4 = 4.8422V$，$V_7 = 1.20401V$。

（2）输入信号的变化对放大电路输出的影响

当图 4-32 所示电路的输入信号幅值为 5mV 时，测得输出波形如图 4-35 所示。改变输入信号幅值，使其分别为 10mV、15mV、20mV，输出将出现不同程度的非线性失真，即输出波形上宽下窄。当输入信号幅值为 21mV 时，输出严重失真，如图 4-36 所示。由此说明，由于三极管的非线性，图 4-32 所示共射放大电路仅适合于小信号放大，当输入信号太大时，会出现非线性失真。

图 4-34 共发射极放大电路输出波形 2

图 4-35 改变输入时的输出波形 1

（3）测量放大电路的放大倍数、输入电阻和输出电阻

放大倍数、输入电阻和输出电阻是放大电路的重要性能参数，下面利用 Multisim 仪器库中的数字万用表对它们进行测量。

图 4-36 改变输入时的输出波形 2

① 测试放大倍数

在图 4-32 所示电路中，双击【示波器】图标，从示波器上观测到输入、输出电压值，计算电压放大倍数 $A_u = U_o/U_i$。

② 测量输入电阻

在输入回路中接入电压表和电流表（设置为交流 AC），如图 4-37 所示。运行仿真开关，分别从电压表 XMM2 和电流表 XMM1 上读取数据，则 $R_{if} = U_i/I_i$，它是频率为 1kHz 时的输入电阻。

图 4-37　输入电阻测试电路

③ 测量输出电阻

根据输出电阻计算方法，将负载开路，信号源短路，在输出回路中接入电压表和电流表（设置为交流 AC），如图 4-38 所示，从电压表 XMM2 和电流表 XMM1 上读取数据，则 $R_{of} = U_o/I_o$，它是频率为 1kHz 时的输出电阻。

图 4-38　输出电阻测试电路

任务二　单级交流放大器的测量

1．实施要求

① 学习放大电路静态工件点的测试方法；

② 学习调整静态工作点的方法；

③ 熟悉常用电子仪器的使用方法。

2．实施步骤

（1）调节静态工作点

按图 4-39（a）所示连好电源线，将输入端对地短路，调节电位器 R_w，使 $U_C = U_{CC}/2$，测静态工作点 U_C、U_E、U_B 的数值，记入表 4-2 中，并计算 I_B、I_C。

为了计算 I_B、I_C，在测 R_w 的阻值时，应将它与三极管断开，并且切断电源。

按下式计算静态工作点，

$$I_B = \frac{U_{CC} - U_B}{R_B} \qquad I_C = \frac{U_{CC} - U_C}{R_C}$$

图 4-39　单级交流放大器测试电路

（2）测量电压放大倍数

在实验步骤（1）的基础上，将输入与地断开，接入 $f = 1kHz$、$U_i = 5mV$ 的正弦波信号，用毫伏表测量输出电压的幅值，用示波器观察输入电压的输出电压波形，计算电压放大倍数，$A = U_o/U_i$，并将数据填写入表 4-3 中。

（3）观察负载电阻对放大倍数的影响

在实验步骤（2）的基础上，将负载电阻 4.3kΩ 换成 8.2kΩ，重新测定放大倍数。

表 4-2

U_C	U_E	U_B	I_B	I_C	R_w

表 4-3

R_L	U_i	U_o	A

（4）测量输入电阻和输出电阻

如图 4-39（b）所示，调整 R_w 到一个合适的阻值，使 $U_C = 3V$，测试 U_B、U_E、R_w 的值作为理论计算的参考数据。输入信号不变，（将开关 K 打开），即串入 R_1 电阻，分别测出电阻 R_1 两端对地信号的电压 U_i 及 U_i'，按下式计算出输入电阻 R_i。

$$R_i = \frac{U_i'}{U_i - U_i'} R_1$$

测出负载电阻 R_L 开路时的输出电压 U_{oo}，和接入 R_L 时的输出电压 U_o，然后按下式计算出输出电阻 R_o。

$$R_o = \frac{(U_{oo} - U_o) \times R_L}{U_o}$$

将测量数据及实验结果填入表4-4、表4-5中。

表 4-4

R_L	U_i	U_o	A

表 4-5

U_i	U_i'	R_i	U_{oo}	U_o	R_o

（5）观察静态工作点对放大性能的影响

将观察结果分别填入表4-6、表4-7中。

表 4-6

阻值	波形	何种失真
正常		
R_w 减小		
R_w 增大		

表 4-7

R_w	U_E	U_B	U_o

输入信号不变，用示波器观察正常工作时输出电压 U_o 的波形并描画下来。

逐渐减小 R_w 的阻值，观察输出电压的变化，在输出电压波形出现明显削顶失真时，把失真的波形描画下来，并说明是哪种失真，如果 $R_w = 0$ 时仍不出现失真，可以加大输入信号 U_i，直到出现明显失真波形。

逐渐增大 R_w 的阻值，观察输出电压的变化，在输出电压波形出现明显削顶失真形时，把失真波形描画下来，并说明是哪种失真时，如果 $R_w = 470\text{k}\Omega$ 后仍不出现失真，可以加大输入信号 U_i，直到出现明显失真波形。

调节 R_w 使输出电压波形不失真且幅值为最大（这时的电压放大倍数最大），测量此时的静态工作点 U_C、U_B、R_w 和输出电压。

任务三　使用 Multisim 测试差动放大电路

1．实施要求
① 会测试差模放大特性；
② 会测试共模抑制特性。

2．实施步骤

（1）了解差动放大电路

差动放大电路是由两个电路参数完全相同的单管放大电路，通过发射极耦合在一起的对称式放大电路，具有两个输入端和两个输出端。图4-40所示为一个典型的恒流源差放电路，其中，三极管 VT_1、VT_2 构成差放的两个输入管，VT_1、VT_2 的集电极 V_{c1}、V_{c2} 构成差放电路的两个输出端，三极管 VT_3、VT_4 构成恒流源电路。

静态时，$U_i = 0$，由于电路对称，双端输出电压为0。

差模输入时，$U_{i1} = -U_{i2}$，$U_{id} = U_{i1} - U_{i2}$。若采用双端输出，则负载 R_1 的中点电位相当于交流零电位，差模放大倍数 A_{ud} 与单级放大倍数 A_{ud1}、A_{ud2} 相同，即 $A_{ud} = A_{ud1} = -A_{ud2}$；若采用单端输出，则 $A_{ud} = A_{ud1}/2$。共模输入时，$U_{ic} = U_{i1} = U_{i2}$，$U_{c1} = U_{c2}$，双端输出时输出电压为0，共

模放大倍数 A_{uc}=0，共模抑制比 K_{CMR}=∞。

（2）测试差模放大特性

在 Multisim 电路窗口连接图 4-40 所示的电路，其中，$U_{i1} = U_3$、$U_{i2} = 0$，这是一组任意输入信号，但我们可以将这组任意信号分解为一对差模信号和一对共模信号。双击【示波器】图标，从示波器中观测到的单端输出时的波形如图 4-41 所示。由示波器可测得输入电压 $U_i = 10$ mV 时，输出电压 $U_o = -45.6$mV，由此可计算出单端输出时差模电压放大倍数 $U_{ud} = U_o/U_i$。因为 A_{ud1}，故差放电路对差模信号具有放大作用。

图 4-40　恒流源差放电路

图 4-41　差放电路在输入差模信号时的输出波形

3．测试共模抑制特性

在 Multisim 电路窗口连接图 4-42 所示电路，其中三极管 VT_1、VT_2 的两输入端并接在一起，为共模输入信号。

双击【示波器】图标，从示波器观测到单端输出时的输出波形如图 4-43 所示。由示波器可测得输入电压 U_i=10mV 时，输出电压 $U_o= -0.975$mV。由此可计算出单端输出时共模电压放大倍数 $A_{uc}=U_o/U_i$。因为 $A_{uc}\ll1$，故差放电路对共模信号具有抑制作用。

图 4-42　共模特性测试电路

图 4-43　差放电路在输入共模信号时的输出波形

|四、拓展知识|

由单个晶体管或场效应管组成的基本放大电路称为一级放大电路。如前所述，单级放大电路带上负载后，电压放大倍数只有几十倍到上百倍。很多的电子电路需要把毫伏级、微伏级的输入信号或检测信号放大到足够的电压或电流值后才能推动负载工作，因此需要将信号多级放大后才能满足要求。用多个单级放大电路串联起来组成的放大电路称为多级放大电路，其组成框图如图4-44所示。输入级接收信号源的信号并进行放大；中间级主要起电压或电流放大作用；输出级由推动级和功率放大级组成，对输出级要求有较大的输出功率，推动负载工作。

图4-44　多级放大电路的组成框图

1．级间耦合方式

多级放大电路中，级与级之间的连接方式称为耦合。根据放大电路的功能，常用的耦合方式有阻容耦合、直接耦合和变压器耦合。

（1）阻容耦合

前、后级之间通过耦合电容和后级输入电阻进行连接的方式称为阻容耦合。由于电容的存在，前、后级的静态工作点是彼此独立的。它主要用于交流放大电路，不用于直流放大电路。

多级放大电路的级间
耦合方式

（2）直接耦合

前级的输出端直接与后级的输入端相连的连接方式称为直接耦合。直接耦合放大电路中各级静态工作点互相影响，同时还存在零点漂移。直接耦合放大电路可用于放大直流信号、交流信号以及变化缓慢的信号。

（3）变压器耦合

多级直接耦合的放大电
路前后级电位互相牵制

级与级之间采用变压器原、副边进行连接的方式称为变压器耦合。由于变压器原、副边在电路上彼此独立，因此这种放大电路的静态工作点也是彼此独立的。根据电工技术可知，变压器具有阻抗变换的特点，可以起到前后级之间的阻抗匹配。变压器耦合放大电路主要用于功率放大电路。

除上述方式外，在信号电路中还有光电耦合方式，用于提高电路的抗干扰能力。

不管采用哪种耦合方式，对耦合电路的基本要求是一样的。

① 被放大的信号通过耦合电路的损失要小，即信号畅通无阻，要放大的信号能顺利地由前一级传送到后一级。阻容耦合方式中的耦合电容容量较大，是希望容抗尽可能小，使放大信号损失小。

② 信号通过耦合电路后，波形基本不产生失真。

③ 静态工作点不受影响。

2．多级放大电路的动态分析

图 4-45 所示为两级阻容耦合放大电路的方框图。由于中间放大级为小信号的工作范围，因此进行动态分析、求解动态参数时，仍可采用微变等效电路的方法。

图 4-45　两级阻容耦合放大电路的方框图

（1）电压放大倍数

由图 4-45 所示的电路可知，放大电路中前级的输出电压就是后级的输入电压，即
$\dot{U}_{i2} = \dot{U}_{o1}$，$\dot{U}_{i1} = \dot{U}_i$，$\dot{U}_{o2} = \dot{U}_o$，则

$$\dot{A}_u = \frac{\dot{U}_o}{\dot{U}_i} = \frac{\dot{U}_{o1}}{\dot{U}_{i1}} \cdot \frac{\dot{U}_{o2}}{\dot{U}_{o1}} = \frac{\dot{U}_{o1}}{\dot{U}_i} \cdot \frac{\dot{U}_o}{\dot{U}_{i2}} = \dot{A}_{u1} \cdot \dot{A}_{u2}$$

（4-43）

对于多级放大电路，有

$$\dot{A}_u = \dot{A}_{u1} \cdot \dot{A}_{u2} \cdots \dot{A}_{un}$$

（4-44）

式（4-44）表明，多级放大电路的总电压放大倍数等于各单级电压放大倍数的乘积。

应当指出的是，在多级放大电路中，求解前一级的电压放大倍数时，应当把后一级的输入电阻作为前一级的实际负载电阻来考虑。同样，对于后级放大电路而言，应把前一级放大电路的输出电阻作为后一级的信号源内阻来处理。

（2）输入电阻和输出电阻

多级放大电路的输入电阻就是输入级的输入电阻，输出电阻就是最后一级的输出电阻。在具体计算时要考虑，后级对输入电阻的影响，以及第一级对输出电阻的影响，尤其是在有射极输出器电路形式存在时，计算输入、输出电阻要特别注意。

例 4.5　两级阻容耦合电路如图 4-46（a）所示，已知两管的 β 均为 50，$r_{be1} = 1.34\text{k}\Omega$，$r_{be2} = 1.63\text{k}\Omega$，各电容的容量足够大，试计算 A_u、R_i 和 R_o。

解： 首先画出这两级放大电路的微变等效电路，如图 4-46（b）所示，根据电路可得

$$A_{u1} = \frac{u_{o1}}{u_i} = \frac{(1+\beta)(R_{E1} \, / \! / \, R_{i2})}{r_{be1} + (1+\beta)(R_{E1} \, / \! / \, R_{i2})}$$

式中，$R_{i2} = R_{B2} \, / \! / \, R_{B3} \, / \! / \, r_{be2} = 40 \, / \! / \, 20 \, / \! / \, 1.63 = 1.45(\text{k}\Omega)$

所以

$$A_{u1} = \frac{(1+50)(3 \, / \! / \, 1.45)}{1.34 + (1+50)(3 \, / \! / \, 1.45)} = 0.974$$

$$A_{u2} = \frac{-\beta(R_{C2} /\!/ R_L)}{r_{be2}} = \frac{-50 \times (2/\!/2)}{1.63} = -30.7$$

因此

$$A_u = A_{u1}A_{u2} = 0.974 \times (-30.7) = -29.9$$

$$R_i = R_{i1} = R_{B1} /\!/ [r_{be1} + (1+\beta)(R_{E1} /\!/ R_{i2})]$$
$$= 300 /\!/ [1.34 + 51 \times (3/\!/1.45)] = 43.8(\text{k}\Omega)$$

$$R_o = R_{C2} = 2\text{k}\Omega$$

（a）放大电路

（b）微变等效电路

图 4-46　两级阻容耦合电路

|小　结|

1．用来对电信号进行放大的电路称为放大电路。它是使用最为广泛的电子电路，也是构成其他电子电路的基本单元电路。

2．放大电路的性能指标主要有放大倍数、输入电阻和输出电阻等。放大倍数是衡量放大能力的指标，输入电阻是衡量放大电路对信号源影响的指标，输出电阻则是反映放大电路带负载能力的指标。

3．由晶体三极管组成的基本单元放大电路有共发射极、共集电极和共基极 3 种基本组态。共发射极放大电路输出电压与输入电压反相，输入电阻和输出电阻大小适中，由于它的电压、电流、功率放大倍数都比较大，因此适用于一般放大或多级放大电路的中间级。共集电极电路的输出电压与输入电压同相，电压放大倍数小于 1 而近似等于 1，但它具有输入电阻高、输出电阻低的特点，因此多用于多级放大电路的输入级或输出级。共基极放大电路输出电压与输入电压同相，电压放大倍数较高，输入电阻很小而输出电阻比较大，因此适用于高频或宽带放大。放大电路性能指标的分析主要采用小信号微变等效电路。

4. 场效应管组成的放大电路与晶体三极管类似，其分析办法也相似。

5. 多级放大电路级与级之间的连接方式有直接耦合和电容耦合等。电容耦合由于电容隔断了级间的直流通路，所以它只能用于放大交流信号，但各级静态工作点彼此独立。直接耦合可以放大直流信号，也可以放大交流信号，适用于集成化，但存在各级静态工作点互相影响和零点漂移问题。

6. 多级放大电路的放大倍数等于各级放大电路放大倍数的乘积。计算每一级放大倍数时要考虑前、后级之间的影响。

7. 差分放大电路也是广泛使用的基本单元电路，它对差模信号具有较大的放大能力，对共模信号具有很强的抑制作用，即差分放大电路可以消除温度变化、电源波动、外界干扰等具有共模特征的信号引起的输出误差电压。差分放大电路的主要性能指标有差模电压放大倍数，差模输入和输出电阻，共模抑制比等。

8. 差分放大电路的输入、输出连接方式有 4 种，可根据输入信号源和负载电路灵活应用。单端输入和双端输入方式虽然接法不同，但性能指标相同。单端输出差分放大电路性能比双端输出差，差模电压放大倍数仅为双端输出的一半，共模抑制比下降。根据单端输出电压取出位置的不同，有同相输出和反相输出之分。

| 习题及思考题 |

1. 试画出用 PNP 管组成的单管共发射极基本放大电路，并标出电源电压与耦合电容的极性。

2. 在放大电路中，为什么耦合电容和旁路电容有正、负极性之分？在电路中如何连接？

3. 在基本共发射极放大电路中，耦合电容和旁路电容的数值很大，对于交流可视为短路，因此其两端电压为零，这种说法对吗？为什么？

4. 基本共发射极放大电路的直流负载线由哪个电路元件确定？交流负载线由哪些电路元件确定？比较直流负载线和交流负载线的特点。

5. 在分压式偏置电路中，调节静态工作点时，调节哪个元件比较方便？

6. 在分压式偏置电路中，若偏置电阻 R_{B1} 短路，电路是否能正常放大？会产生什么现象？

7. 在分压式偏置电路中，若 R_{B1} 开路，电路能否正常放大？为什么？若 R_{B2} 开路，电路能否正常放大？为什么？

8. 试分析当温度变化时分压式偏置电路稳定静态工作点的过程。如果去掉 R_{B2}，电路还是否具有稳定工作点的作用？

9. 试比较共发射极、共集电极、共基极三种组态的放大电路的特点。

10. 在多级放大电路中，常用的耦合方式有几种？各有什么特点？

11. 如何求解多级放大电路的电压放大倍数、输入电阻和输出电阻？

12. 什么叫零点漂移？差动放大电路靠什么抑制和克服零点漂移？

13．共模抑制比 K_{CMR} 是如何定义的？K_{CMR} 越大，表明电路的何种功能越强？

14．差动放大电路中 R_E 起什么作用？它对共模信号和差模信号各有什么作用？它的阻值是否越大越好？为什么？

15．选择题

（1）测得三极管 $I_B=30\mu A$ 时，$I_C=2.4mA$，而 $I_B=40\mu A$ 时，$I_C=3mA$，则该管的交流电流放大系数为_____

A．80　　　　　　　B．60　　　　　　　C．75　　　　　　　D．100

（2）三极管是一种_____的半导体器件。

A．电压控制　　　　B．电流控制　　　　C．既是电压又是电流控制

（3）三极管工作在放大状态时，它的两个 PN 结必须是_____

A．发射结和集电结同时正偏　　　　　　B．发射结和集电结同时反偏

C．集电结正偏，发射结反偏　　　　　　D．集电结反偏，发射结正偏

（4）在典型的差动放大电路中，R_E 的作用是_____

A．对差模信号构成负反馈以提高放大电路的稳定性

B．对共模信号构成负反馈以提高抑制零点漂移的能力

C．A 和 B

16．填空题

（1）某放大电路中的三极管，在工作状态中测得它的管脚电压 $V_a = 1.2V$，$V_b = 0.5V$，$V_c = 3.6V$，试问该三极管是_____（材料），_____型的三极管，该管的集电极是 a、b、c 中的_____。

（2）三极管的三个工作区域是_____，_____，_____。集成运算放大器是一种采用_____耦合方式的放大电路。

（3）已知某两级放大电路中第一、第二级的对数增益分别为 60dB 和 20dB，则该放大电路总的对数增益为_____dB，总的电压放大倍数为_____。

17．共发射极放大电路如图 4-7 所示。设 $U_{CC}=12V$，$R_B=300k\Omega$，$R_C=3k\Omega$，$R_L=3k\Omega$，$\beta=50$。

（1）求静态工作点 Q。

（2）估算电路的电压放大倍数、输入电阻 R_i 和输出电阻 R_o。

（3）若输出电压的波形出现图 4-47 失真，那么这是截止还是饱和失真？应调节哪个元件？如何调节？

图 4-47　电压的波形

18．分别改正图 4-48 所示各电路中的错误，使它们有可能放大正弦波信号。要求保留电路原来的共发射极接法和耦合方式。

图 4-48　题 18 图

项目五
集成运算放大电路的应用

| 一、项目分析 |

集成电路是 20 世纪 60 年代初发展起来的一种新型器件。它把整个电路中的各个元器件以及元器件之间的连线，采用半导体集成工艺同时制作在一块半导体芯片上，再将芯片封装并引出相应引脚，做成具有特定功能的集成电子线路。与分立件电路相比，集成电路实现了器件、连线和系统的一体化，外接线少，具有可靠性高、性能优良、质量轻、造价低廉、使用方便等优点；另外，通过引入反馈可改善放大电路的放大性能。

项目内容

本项目的具体任务是制作音频放大电路的中间级部分，要求该电路采用两级集成运算放大器（简称集成运算放大器），电压放大倍数在 50 倍以上。

知识点

① 集成运算放大器的结构组成、特性指标及种类、引脚特性；
② "虚短"和"虚地"的概念，对集成运算放大器应用电路进行分析与基本计算；
③ 反馈的定义及分类方法，判别反馈类型。

能力点

① 能熟练使用万用表、信号发生器、示波器测试反馈电路的特性；
② 能使用 Proteus 仿真软件分析测试典型集成运算放大器应用电路；
③ 能制作音频放大电路的中间级，能对电路所出现的故障进行分析及排除。

|二、相关知识|

（一）集成运算放大器的认知

1. 集成运算放大器的结构

（1）集成运算放大器的外形、管脚和符号图

集成运算放大器内部电路结构复杂，对使用者来说，只需掌握其主要性能及连接和使用方法。在具体应用中，集成运算放大器可视为一个高电压放大倍数、低零点漂移的双入单出式差动放大器，有两个输入端和一个输出端。各引脚代表的含义及具体连接方法，应根据集成电路的型号查阅有关手册，如图 5-1 所示。

图 5-1　集成运算放大器实物

线性集成运算放大器常见的两种封装方式是圆式金属壳封装和双列直插式塑料或陶瓷封装。数字集成电路多为双列直插式。圆式金属壳封装的管脚数有 8、10、12 等种类，管脚排列顺序如图 5-2 所示，从管脚根部看进去，以管壳上的凸起部分为参考标记，按顺时针方向数管脚，依次为 1，2，3…8。双列直插式封装的管脚数有 8、10、12、14、16、18、20、24 等多种，管脚排列顺序如图 5-3 所示（顶视图），管脚向下，缺口、色点等标记向左，从左下脚开始按逆时针方向数管脚，依次为 1，2，3…14。

集成芯片的封装
及识别

集成解释及标准接法

F007第8管脚

图 5-2　F007（5G24）

（2）集成运算放大器的内部结构

集成运算放大器是最常用的一类模拟集成电路，它是一个以差动放大器作输入级的高增益、直接耦合电压放大器，一般具有很高的输入电阻和很低的输出电阻，故其发展非常迅速，类型很多，其基本组成如图 5-4 所示。

图 5-3　集成运算放大器的外形、管脚

图 5-4　集成运算放大器的组成框图

集成运算放大电路
的组成

从图 5-4 所示可以看出，集成运算放大器包括下面 4 个基本部分。

① 输入级

输入级提供与输入端成同相关系和反相关系的两个输入端，电路形式为差动放大电路，要求输入电阻高。它是提高运算放大器质量的关键部分。为增大输入电阻，减小零点漂移，提高整个电路的共模抑制比，一般都采用差动放大电路。

② 中间放大级

中间放大级主要完成对输入电压信号的放大，一般采用多级共发射极放大电路实现，要求电压放大倍数高。

③ 输出级

输出级提供较高的输出功率、较低的输出电阻，一般由互补对称电路或射极输出器构成。为减小输出电阻，提高电路的带负载能力，通常采用互补对称式功放电路。此外，输出级还附有保护电路，以防意外短路或过载时造成损坏。

④ 偏置电路

偏置电路提供各级静态工作电流，一般由各种恒流源电路组成。

2．集成运算放大器的符号、类型及主要参数

集成电路是一个不可分割的整体，可用电路符号及参数来描述其性能。因此，在选用集成电路时，应根据实际要求及集成电路的参数说明确定其型号，就像选用其他电路元件一样。理解集成电路的电路符号、主要参数及种类是应用集成电路的基础。

集成运算放大电路
的符号

（1）集成运算放大器的电路符号

集成运算放大器的电路符号如图 5-5 所示。图 5-5（a）所示为理想运算放大器符号，三角形表示信号传递的正方向，∞表示 $A_{uo} \to \infty$。图 5-5（b）所示为集成运算放大器的简化画法。由图可看出，集成运算放大器具有同相（"+"号）端、反相（"-"号）端两个输入端。当同相端接地，反相端接输入 u_i 时，输出 u_o 与输入 u_i 反相；与此相反，若反相端接地，同相端接输入 u_i，输出 u_o 与输入 u_i 同相。

(a) 理想运放符号   (b) 实际运放的简化画法

图 5-5 集成运算放大器的电路符号

（2）集成运算放大器的主要参数

衡量集成运算放大器质量好坏的技术指标很多，基本指标有 10 项左右。下面来了解其中主要性能参数的含义。

① 输入失调电压 U_{oS}

实际的集成运算放大器难以做到差动输入级完全对称，当输入电压为零时，输出电压并不为零。在室温（25℃）及标准电源电压下，为了使输出电压为零，而在集成运算放大器的两输入端额外附加的补偿电压称为输入失调电压 U_{oS}。U_{oS} 越小越好，一般为 0．5～5mV。

② 开环差模电压放大倍数 A_{od}

集成运算放大器在开环（无外加反馈）时，输出电压与输入差模信号的电压之比称为开环差模电压放大倍数 A_{od}。它是决定运算放大器运算精度的重要因素，常用分贝（dB）表示，目前最高值可达 140dB（即开环电压放大倍数达 10^7）。

③ 共模抑制比 K_{CMRR}

K_{CMRR} 是差模电压放大倍数与共模电压放大倍数之比，放大器中所定义的 K_{CMRR} 相同，高质量运算放大器的 K_{CMRR} 可达 160dB。

④ 差模输入电阻 r_{id}

r_{id} 是集成运算放大器在开环时，输入电压变化量与由它引起的输入电流变化量之比，即从输入端看进去的动态电阻，一般为 MΩ 数量级，以场效应晶体管为输入级的 r_{id} 可达 10^4MΩ。

⑤ 开环输出电阻 r_o

r_o 是集成运算放大器开环时，从输出端向里看进去的等效电阻。其值越小，说明运算放

大器的带负载能力越强。理想集成运算放大器的 r_o 趋于零。

其他参数包括输入失调电流 I_{oS}、输入偏置电流 I_B、输入失调电压温漂 $\mathrm{d}U_{oS}/\mathrm{d}T$ 和输入失调电流温漂 $\mathrm{d}I_{oS}/\mathrm{d}T$、最大共模输入电压 U_{Icmax}、最大差模输入电压 U_{Idmax} 等，可通过器件手册直接查到参数的定义及各种型号运算放大器的技术指标。

集成运算放大电路的使用

可见，集成运算放大器具有开环电压放大倍数高、输入电阻高（约几兆千欧）、输出电阻低（约几百欧）、漂移小、可靠性高、体积小等主要特点。

（3）集成运算放大器的类型

集成运算放大器类型较多，型号各异，可分为通用型和专用型两大类。

① 通用型

通用型运算放大器的各项指标适中，基本上兼顾各方面应用，如 F007。

② 专用型

专用型集成运算放大器主要有高输入阻抗型、高速型、高压型、大功率型、宽带型、低功耗型等多种类型。

特殊集成运算放大电路

通用型价格便宜，便于替换，是应用最广的一种。在选择运算放大器时，除非有特殊要求，一般都选用通用型。

3. 集成运算放大器的理想化条件

在分析运算放大器时，一般可将它看成是一个理想运算放大器。理想运算放大器的条件主要是开环电压放大倍数 $A_{uo} \to \infty$，差模输入电阻 $r_{id} \to \infty$，开环输出电阻 $r_o \to 0$，共模抑制比 $K_{CMRR} \to \infty$。

集成运算放大电路的保护与使用

理想运算放大器特征可概括为"三高一低"。实际运算放大器的上述技术指标与理想运算放大器接近，工程分析时，用理想运算放大器代替实际运算放大器所引起的误差是允许的。因此，在分析运算放大器电路时，我们一般将其视为理想运算放大器。

（二）反馈的认知

1. 什么是反馈

实际运算放大器的开环电压放大倍数非常大，一般不可以直接应用于信号放大。在实际应用中，常使用反馈技术来稳定放大电路的放大倍数。

反馈放大电路的构成

将输出信号（电压或电流）的一部分或全部以某种方式回送到电路的输入端，使输入量（电压或电流）发生改变，这种现象称为反馈，如图 5-6 所示。

图 5-6　反馈

由反馈的概念可以得出：具有反馈的放大电路包括基本放大电器及反馈网络两个

部分。

在具有反馈的放大电路中，信号具有两条传输途径，一条是正向传输途径，信号经放大电路从输入端传向输出端，该放大电路称为基本放大电路；另一条是反向传输途径，输出信号通过某通道经放大电路从输出端传向输入端，该通道称为反馈网络。

判断电路有无反馈，可以根据输入端与输出端是否存在反馈网络来判断。

2．反馈类型

反馈有正反馈、负反馈之分。若反馈信号在输入端与输入信号相加，使净输入信号增加，则称为正反馈；若反馈信号在输入端与输入信号相加，使净输入信号减小，则称为负反馈。反馈的正负也称为反馈的极性。

负反馈的类型

按照反馈信号的取样对象，负反馈可分为电压反馈和电流反馈。当反馈信号取自输出电压时，称为电压反馈；当反馈信号取自输出电流时，称为电流反馈。电压反馈可稳定输出电压，电流反馈可稳定输出电流。

根据反馈信号在输入端的连接方式，负反馈又可分为串联反馈和并联反馈。如果在输入端反馈信号以电压形式叠加，称为串联反馈；若以电流形式叠加，称为并联反馈。

下面给出不同类型负反馈电路的连接特点。

① 反馈信号直接从输出端引出，为电压反馈；从负载电阻 R_L 靠近"地"端引出，是电流反馈。

利用瞬时极性法判断正负反馈

② 输入信号和反馈信号均加在反相输入端，为并联反馈；输入信号和反馈信号均加在不同的输入端，为串联反馈。

据此分析，我们可以分别判断图 5-6 所示各电路的反馈类型。

图 5-6　反馈电路

（三）集成运算放大器的非线性工作状态及相应结论

1．集成运算放大器工作状态特性分析

集成运算放大器的电压传输特性和分析依据如下所述。

图 5-7 所示为集成运算放大器的符号，除图示的同相输入端、反相输入端和输出端外，还有未在图中标出的正电源端和负电源端（单电源运算放大器则为接地）。在实际运算放大器器件中，由于具体应用、封装等需要，有时还会增加一些辅助端（管脚），此外还有单片集成的多运算放大器器件型号。

图 5-8 所示为集成运算放大器在开环应用时的电压传输特性，中间一段过零斜线为线性区，上下两段水平横线为饱和区（正、负饱和电压由运算放大器所加正、负电源大小决定）。运算放大器工作在线性区时，$U_o = A_{uo} \times (U_p - U_n)$，由于开环电压放大倍数 A_{uo} 很高，输入很小的信号也足以使输出电压饱和，另外干扰信号也会使输出难于稳定，所以，要使运算放大器稳定工作在线性区，通常需引入深度电压负反馈。为便于分析，一般把运算放大器理想化，即认为其开环电压放大倍数和差模输入电阻无穷大。

根据以上分析可知，在图 5-8 所示的运算放大器电路中，有输出到输入的反馈，运算放大器闭环工作。若反馈类型为负反馈，那么输出与输入满足线性关系，称运算放大器工作在线性区；否则工作在开环状态，称运算放大器工作在非线性区。

图 5-7　集成运算放大器的符号　　　　图 5-8　集成运算放大器的电压传输特性

综上分析可知，运算放大器具有开环、闭环两种工作状态。

2．集成运算放大器工作在非线性区的特点

当运算放大器开环工作时，无输出到输入的反馈，如图 5-7 所示。因为理想运算放大器开环电压放大倍数 $A_{uo} \to \infty$，所以一个微弱的差模输入信号将使输出为极值，故运算放大器开环工作称为运算放大器工作在饱和区（也叫非线性区）。

由理想运算放大器的条件可得出运算放大器工作在非线性区的两点结论：

① 输出电压 u_o 只有两种状态：U_{opp} 或 $-U_{opp}$（U_{opp} 为最大输出电压）。当 $u_+ > u_-$ 时，$u_o = U_{opp}$；当 $u_+ < u_-$ 时，$u_o = -U_{opp}$；$u_+ = u_-$ 为两种状态的转折点。

② 运算放大器工作在非线性状态时，"虚断路"即同相输入端与反相输入端的输入电流都等于零仍适用，但"虚短路"原则不再适用。

（四）集成运算放大器的线性工作状态及相应结论

1．集成运算放大器工作在线性区的条件

对于实际运算放大器来说，开环电压放大倍数 A_{uo} 很大，所以运算放大器开环工作的线性范围非常小，通常仅为毫伏级以下。要使运算放大器在较大输入时也能正常工作，必须在电路中引入深度负反馈，即工作在闭环状态，实质是扩展运算放大器的线性工作区。

2．集成运算放大器工作在线性区的几个重要概念

由负反馈、理想运算方大器的条件可得出运算放大器工作在线性区的 3 个重要概念。

（1）虚短路

图 5-7 所示运算放大器电路（反馈极性为负反馈）中，由于其开环放大倍数 $A_{uo} \to \infty$，而且输出为有限值，故两个输入端电位相等，集成运算放大器两个输入端之间的电压几乎等于零，如同将该两点短路一样，但是该两点实际上并未真正被短路，只是表面上似乎短路，因而是虚假的短路，这种现象称为"虚短路"。

理想运算放大电路的虚短

产生虚短路的原因是运算放大器电路中引入了负反馈。简要解释如下：假定 $R_1 = R_f$，$u_i = 0.1V$，电路刚接通瞬间，$u_+ = 0.1V$（别忘了运算放大器差模输入电阻非常大），$u_- = 0V$。因运算放大器的放大倍数非常大，故运算放大器进入非线性区，$u_o = U_{opp}$。U_{opp} 反馈到反相端，u_- 电位开始上升，当 u_- 非常接近 u_+ 时，电路逐渐稳定，$u_o = 0.2V$。电路稳定时，u_+ 和 u_- 的电位非常接近，这便是"虚短路"。

理想运算放大电路的虚断

（2）虚断路

由于集成运算放大器的差模输入电阻 $r_{id} \to \infty$，故同相输入端与反相输入端的电流几乎都等于零，如同该两点被断开一样，这种现象称为"虚断路"。"虚断"路是指在分析运算放大器处于线性状态时，可以把两输入端视为等效开路，这一特性称为虚假开路，简称虚断路，但实际上不能将两输入端真正断路。

反相比例运算电路

（3）虚地

理想运算放大器工作在线性区时，若反向端有输入，同相端接"地"，$u_- = u_+ = 0$。这就是说，反相输入端的电位接近于"地"电位，它是一个不接"地"的"地"电位端，通常称为"虚地"。

（五）集成运算放大器构成的两种基本放大器

1．反相比例运算电路

反相比例运算电路如图 5-9 所示。在图 5-9 中，R_f 为负反馈电阻；R_1、R_2 为输入端电阻，为使电路对称，则需 $R_2 = R_1 /\!/ R_f$；U_i 为加在反相输入端上的电压（同相输入端接地）；U_o 为输出电压。

① 图中电路反馈极性为负反馈，运算放大器工作在线性区。由"虚断"路，有 $i \approx 0$，所以，$i_1 = i_f$。

② 由"虚地"，有 $i_1=i_f$，因此 $\dfrac{u_i}{R_1}=\dfrac{-u_o}{R_f}$，所以

$$u_o = -\frac{R_f}{R_1}\times u_i$$

(5-1)

由式（5-1）知，图 5-9 所示电路的输出 u_o 与输入 u_i 为线性比例关系，相位相反，故称为反相比例运算电路。当 $R_f=R_1$ 时，有 $u_o=-u_i$，这就是反相器。

③ 由"虚短路"（$u_-=0$）可知输入电阻 $R_i=R_1$。

④ 由"虚短路"（$u_-=0$）可知输出电阻 $R_o=r_o//R_f\approx r_o\to 0$

同相比例运算电路

由于电阻的精度以及稳定性很高，所以 A_f 很稳定。当 $R_1=R_f$ 时，$A_f=-1$，这时 $u_o=-u_i$，这时的电路称为反相器（反号器）。反相输入放大电路属于电压并联负反馈电路，其输入电阻较开环输入电阻要小。

2．同相比例运算电路

同相输入放大电路如图 5-10 所示。图中，R_f 为负反馈电阻；R_1、R_2 为输入端电阻，R_2 起限流保护作用，为使电路对称，取 $R_2=R_f$；u_i 为加在同相输入端上的电压（反相输入端接地）；u_o 为输出电压。

图 5-9　反相比例运算电路

图 5-10　同相比例运算电路

根据虚断结论，有 $i_-=0\to i_1=i_f\to (0-u_-)/R_1=(u_- -u_o)/R_f$

$$i_+=0\to u_+=u_i$$

根据虚短结论，有 $u_-=u_+=u_i\to -u_i/R_1=(u_i-u_o)/R_f\to u_o/u_i=1+R_f/R_1$

根据 $A_f=u_o/u_i$，则有 $A_f=1+R_f/R_1$

如果将 R_1 开路，或取 $R_f=0$，则 $A_f=1$，这两种电路均称为电压跟随器（同号器）。同相输入放大电路属于电压串联负反馈电路，其输入电阻较开环输入电阻要大得多。

例 5.1　在图 5-11 所示的同相比例运算电路中，已知 $R_1=2k\Omega$，$R_f=10k\Omega$，$R_2=2k\Omega$，$R_3=18k\Omega$，$u_i=1V$，求 u_o。

解：$u_o=\left(1+\dfrac{R_f}{R_1}\right)u_i$ 中的 u_i 是指加在同相输入端的输入电压，在图 5-10 中即为

$$u_+=R_3\frac{u_i}{R_2+R_3}=18\times\frac{1}{2+18}$$

$$=0.9 \ （V）$$

于是得
$$u_o=\left(1+\frac{10}{2}\right)\times 0.9=5.4 \ （V）$$

图 5-11　同相比例运算放大器电路

3．运算放大器的两种基本负反馈放大器

采用理想运算放大器分析法可获得运算放大器同相和反相放大器的一些指标，总结列在表 5-1 中。

表 5-1　　　　　　　　　　　　反相放大器与同相放大器比较

比较量 ＼ 类型	反相输入放大器	同相输入放大器
简化电路		
电压增益 u_o/v_s	$-R_f/R_1$	$1+R_f/R_1(>1)$
输入电阻 R_{if}	R_1	∞
出电阻 R_{of}	0	0
共模输入电压 u_{ic}	0	u_s
反馈类型和极性	电压取样电流求和负反馈	电压取样电压求和负反馈

当上述电路中电阻为阻抗时，有关公式仍然成立，

例如，$\dfrac{U_o}{U_s}=-\dfrac{z_f}{z_1}$（反相组态），$\dfrac{U_o}{U_s}=1+\dfrac{z_f}{z_1}$（同相组态）。

（六）负反馈对放大电路性能的影响

集成运算放大器在未引入反馈时处于开环工作状态。由于运算放大器的开环增益很大，如 CF741 的开环放大倍数可达 10^5，开环时输出电压的零漂很严重，仅输入失调电压温漂 $20\mu V/℃$这一项，就能使输出电压温漂达到 $20\mu V/℃\times 10^5=2 \ V/℃$，因此，在输入信号为零时，即使对输出电压已采取调零措施，也无法使其稳零，往往其输出电压不是漂移到正向饱和值（+10V），便是漂移到负向饱和值（−10V）。此外，运算放大器的某些开环性能指标很差，如 CF741 的上限频率仅为 6Hz 左右，所以集成运算放大器用作线性放大时，为了减小漂移和展

宽通频带，都必须引入负反馈。

为了分析负反馈放大器的性能，先把各种负反馈放大电路简化为图 5-12 所示的方框图结构，方框图能简明地表达电路中各个量的关系。

图 5-12 负反馈放大器的方框图

1. 负反馈放大器的方框图

在方框图中，方框 A 代表开环放大器，方框 F 表示反馈网络（通常由电阻 R_f 等组成），带箭头的线条表示各组成部分间的联系，信号沿箭头方向传输。各个信号量用 $\dot{X}$ 表示，它可以是电压或电流，其中，$\dot{X}_i$ 表示输入信号，$\dot{X}_i'$ 表示开环放大器的净输入量，$\dot{X}_f$ 表示反馈量、$\dot{X}_o$ 表示输出端被取样的量。符号"Σ"表示比较环节，在其旁边所标注的是极性，表明在负反馈的情况下，当 $\dot{X}_i$ 为正极性时，$\dot{X}_f$ 为负极性，所以净输入量 $\dot{X}_i'$ 小于输入信号 $\dot{X}_i$。

负反馈方框图所确定的基本关系有：

（1）输入端各量的关系式

$$\dot{X}_i' = \dot{X}_i - \dot{X}_f \tag{5-2}$$

（2）开环增益 $\dot{A}$

$$\dot{A} = \frac{\dot{X}_o}{\dot{X}_i'} \tag{5-3}$$

（3）反馈系数 $\dot{F}$

$$\dot{F} = \frac{\dot{X}_f}{\dot{X}_o} \tag{5-4}$$

（4）闭环增益 $\dot{A}_f$

$$\dot{A}_f = \frac{\dot{X}_o}{\dot{X}_i} \tag{5-5}$$

$$\dot{A}_f = \frac{\dot{X}_o}{\dot{X}_i' + \dot{X}_f} = \frac{\dot{A}}{1 + \dot{A} \cdot \dot{F}} \tag{5-6}$$

上述各量中，当信号为正弦量时，$\dot{X}_i$、$\dot{X}_i'$、$\dot{X}_f$ 和 $\dot{X}_o$ 为相量，$\dot{A}$ 和 $\dot{F}$ 为复数。在中频段，为了表达式的简明，都用实数表示。

式（5-6）表明闭环增益 A_f 比开环增益 A 减少到原来的 $1/(1+A \cdot F)$，其中，$1+ A \cdot F$ 称为反馈深度，它的大小反映了反馈的强弱，而乘积 $A \cdot F$ 称为环路增益。闭环增益小的原因是净输入量比输入信号减小到原来的 $1/(1+A_f)$。

2. 负反馈放大器的性能

放大器的基本任务是放大输入信号，即要求它的输出量唯一地取决于它的输入信号。然而，事实上，各种不可避免的实际因素（如温度、干扰、失真、负载变化等）将对放大器的输出量产生各种不同的影响。我们把这些影响放大器输出量的原因都归结为"变化因素"。前面已经指出，反馈的实质就是输出量参与控制，负反馈的重要特性是能稳定输出端被取样的量，也就是说，如果有"变化因素"，负反馈的基本作用是削弱输出量的变化。由于输出量变化的削弱过程是建立在"有变化"这一前提上的，因此不可能把输出量的变化削弱到零。削弱输出量变化的结果将使放大器的性能得到改善。下面就从上述基本概念出发，来讨论负反馈对放大器性能的改善程度。

负反馈对放大电路性能的影响

（1）提高增益稳定性

如图 5-13 所示，放大器的开环增益 A 是不稳定的，例如，环境温度变化时，三极管的 β 变化会引起开环增益 A 的变化，但此时闭环增益 A_f 却是稳定的。闭环增益的相对变化，只有开环增益相对变化的 $1/(1+A_f)$。因此，在输入信号 X_i 的幅度一定的条件下，闭环增益稳定就是输出端被取样量 X_o 的稳定。放大器放大倍数的稳定性大大提高。

图 5-13　负反馈削弱变化因素的影响

例 5.2　有一负反馈放大电路，$A=10^4$，$F=0.01$。如果三极管的参数因温度的变化而发生变化，使 A 减小了 10%，试求变化前后的 A_f 值及相对变化量。

解： 放大电路原来的增益为

$$A_f = \frac{A}{1+A_f} = \frac{10^4}{1+10^4 \times 0.01} = 99$$

三极管参数变化后的增益

$$A' = 10^4(1-10\%) = 9000$$

$$A_f' = \frac{A'}{1+A_f'} = \frac{9000}{1+9000 \times 0.01} = 98.9$$

A_f 的相对变化：

$$\frac{\Delta A_f}{A_f} = \frac{98.9-99}{99} = -0.1\%$$

或

$$\frac{\mathrm{d}A_f}{A_f} = \frac{1}{1+A_f} \frac{\mathrm{d}A}{A} = (-10\%) \frac{1}{1+10^4 \times 0.01} \approx -0.1\%$$

可见在 A 减小 10% 的情况下，A_f 只减小了 0.1%。

负反馈放大电路的闭环增益 A_f 较稳定是不难理解的，如上例中，A 的减小使输出量减小，则反馈量也相应减小，于是净输入量就增大，以牵制输出量的减小，因此闭环增益就较稳定。

（2）减小非线性失真

一个理想的线性放大器，其输出波形和输入波形应成线性放大关系，可是由于三极管的非线性，当信号的幅度比较大时，输出波形会有一定的非线性失真，如图 5-14（a）所示，一个开环放大电路在输入正弦信号时，输出产生了失真，假设这个失真波形是正半波幅值大，负半波幅值小。引入负反馈后，如图 5-14（b）所示，反馈信号波形与输出波形相似，也是上大下小。经过比较环节（信号相减）使净输入信号变成上小下大。这种净输入信号的波形经过放大，其输出波形的失真程度势必得到一定的改善。从本质上说，负反馈是利用失真了的波形来改善波形的失真的，因此只能减小失真，不能完全消除失真。

图 5-14　减小非线性失真

值得注意的是，如果输入信号本身是失真的，或者本身受到了干扰（不在闭环内），则引入负反馈的方法是无效的。

（3）展宽通频带

如图 5-15 所示，由放大器的频率特性可知，放大倍数在高频区和低频区（指阻容耦合放大器）都要下降，这是一种因频率变化而引起的内部增益变化，因此，可把频率的变化看成"变化因素"。频率变化使开环增益变化较大，闭环增益变化较小。

图 5-15　开环与闭环的频率特性

在我们的讨论范围内，一般有 $f_H \gg f_L$，$f_{Hf} \gg f_{Lf}$，所以可近似地认为通频带 BW 只取决于上限截止频率，负反馈使上限截止频率增大了（$1+A_f$）倍，可认为是使通频带展宽了（$1+A_f$）倍，但这是以牺牲增益（$1+A_f$）倍为代价的。

（4）负反馈对输入电阻的影响

负反馈对输入电阻的影响，取决于反馈网络在输入端的连接方式。

① 串联负反馈使输入电阻增大

根据图5-16所示，可知串联负反馈使输入电阻增大，这是因为反馈量U_f所引起的压降作用，相当于输入端串入了一个电阻，又由于$U_f = U_i' \cdot A_f$，使这个串联电阻的阻值为$R_i \cdot A_f$，因此，闭环输入电阻R_{if}增大，是开环输入电阻R_i的（$1+A_f$）倍。

② 并联负反馈使输入电阻减小

根据图 5-17 所示，可知并联负反馈使输入电阻减小，这是因为反馈量I_f所引起的分流作用，相当于输入端并联了一个电阻，又由于$I_f = I_i' \cdot A_f$，使这个并联电阻的阻值为R_i / A_f，因此，闭环输入电阻R_{if}减小到开环输入电阻R_i的 $1/(1+A_f)$。

图 5-16　求串联负反馈的输入电阻　　　　　　图 5-17　求并联负反馈的输入电阻

（5）负反馈对输出电阻的影响

负反馈对输出电阻的影响，取决于反馈网络在输出端的取样量。

① 电压负反馈使输出电阻减小

如图 5-18 所示，开环放大器A在输入信号$X_i = 0$时，输出端中仅有输出电阻R_o，我们称R_o为开环输出电阻。

引入电压负反馈以后，输出电阻是开环时的 $1/(1+A_f)$。电压负反馈越深，输出电阻减小就越显著，带负载能力就越强。

② 电流负反馈使输出电阻增大

如图 5-19 所示，引入电流负反馈以后，输出电阻是开环时的（$1+A_f$）倍。输出电阻越大，输出越接近于恒流源，此时输出电流不会因带不同负载电阻而有较大变化。输出电流能较恒定与输出电阻大是密切相关的，电流负反馈越深，输出电阻增大就越显著。

图 5-18　求电压负反馈的输出电阻　　　　　　图 5-19　求电流负反馈的输出电阻

3．反馈类型的选择

以上分析说明：为改善放大器的性能，应该引入负反馈。负反馈类型选用的一般原则归纳如下：

① 要稳定交流性能，应引入交流负反馈；要稳定静态工作点，应引入直流负反馈；

② 要稳定输出电压，应引入电压负反馈；要稳定输出电流，应引入电流负反馈；

③ 要提高输入电阻，应引入串联负反馈；要减小输入电阻，应引入并联负反馈。

负反馈放大电路的应用

| 三、项目实施 |

任务一　运算放大器 LM358 的测试

1．运算放大器 LM358 的测试要求

（1）电路组成及使用范围

LM358 内部包括两个独立、高增益、内部频率补偿的双运算放大器，适合电源电压范围很宽的单电源使用，也适用于双电源工作模式，在推荐的工作条件下，电源电流与电源电压无关。它的使用范围包括传感放大器、直流增益模块和其他所有可用单、双电源供电的使用运算放大器的场合。

（2）主要参数和外部引脚图

① 主要参数及特点

电压增益高，约为 100dB，即放大倍数约为 10^5。

单位增益频带宽，约为 1MHz。

电源电压范围宽，单电源为 3～32V，双电源为±（1.5～15）V。

低功耗电流，适合于电池供电。

低输入失调电压，约为 2mV。

共模输入电压范围宽。

差模输入电压范围宽，并且等于电源电压范围。

输出电压摆幅大，为 0～U_{CC}。

② 外部引脚图

外部引脚图如图 5-20 所示，IN(+) 为同相输入端，IN(–) 为反相输入端，OUT 为输出端。通过实验来看集成运算放大器的应用，测试电路如图 5-21 所示。

2．LM358 的测试实施步骤

（1）接线

选择合适的电阻，参考图 5-21 所示的测试电路图完成接线。

图 5-20　LM358 的引脚分布图

图 5-21　LM358 的测试电路

（2）电路测试

给定输入电压 $u_i=50\text{mV}$，分别将电阻 R_f 从 10kΩ 调至 200kΩ，同时依次调整 $R_2=R_1//R_f$，分别测试 LM358 的输出电压 u_o，并将结果填在表 5-2 内。

表 5-2　　　　　　　　集成运算放大器 LM358 的测试记录表

$R_f/\text{k}\Omega$	10	30	50	80	100	150	200
U_o/V							

（3）结果分析

分析运算放大器 LM358 输出电压 U_o 与反馈电阻 R_f 的关系，验证

$$u_o = -\frac{R_f}{R_1} \times u_i。$$

反相输入加法电路

任务二　用集成运算放大器实现信号的加法运算——加法器的制作

1. 加法器的制作要求

（1）用反相比例运算电路实现加法运算，电路如图 5-22 所示，将 u_{i1}，u_{i2} 视为信号源。

（2）用同相比例运算电路实现加法运算，电路如图 5-23 所示，将 u_{i1}，u_{i2} 视为信号源。

图 5-22　用反相比例运算电路构成加法器

图 5-23　用同相比例运算电路构成加法器

2. 实施步骤

（1）接线

在实验箱上选择合适的电阻，分别参考图 5-22、图 5-23 所示电路完成接线。

（2）电路测试

给定输入电压 u_{i1}=50mV，u_{i2}=50mV，分别将电阻 R_f 依次从 10kΩ 调至 200kΩ，同时依次调整 R_2=R_1//R_f。

① 参照电路图 5-22，调整 R_{11}=R_{12}=R_1，分别测试反相比例运算电路构成加法器的输出电压 u_o。

② 参照电路图 5-23，调整 R_1=R_2=R=$2R_3$，分别测试同相比例运算电路构成加法器的输出电压 u_o。

（3）结果分析

① 分析同相比例运算电路构成加法器的输出电压 u_o 与反馈电阻 R_f 的关系，验证

$$u_o=u_{o1}+u_{o2}=-\frac{R_f}{R_1}(u_{i1}+u_{i2})$$

② 分析同相比例运算电路构成加法器的输出电压 u_o 与反馈电阻 R_f 的关系，验证

$$u_o=\frac{R_f}{R}(u_{i1}+u_{i2})$$

任务三　用集成运算放大器实现信号的减法运算——减法运算放大器的制作

1. 减法器的制作要求

如果同相、反相两个输入端都有信号输入，则为差动输入，完成减法运算。差动比例运算电路的输出电压与输入电压之差成比例关系。差动比例运算电路如图 5-24 所示。

图5-24　减法器电路图

2. 实施步骤

（1）接线

在实验箱上选择合适的电阻，参考图 5-24 所示完成接线。

（2）电路测试

给定输入电压 u_{i1}=50mV，u_{i2}=50mV，分别将电阻 R_f 从 10kΩ 调至 200kΩ，调整 R_1=R_2=R=$2R_3$，当 R_f=R_3、R_1=R_2 时分别测减法器的输出电压 u_o。

减法运算电路

（3）结果分析

分析减法器的输出电压 u_o 与反馈电阻 R_f 的关系，验证

$$u_o=\frac{R_f}{R_1}(u_{i2}-u_{i1})$$

任务四　用集成运算放大器实现信号的积分运算——积分运算放大器的应用

1．积分运算器的制作要求

输出电压与输入电压成积分关系的电路称为积分运算电路。用集成运算放大器构成的积分运算电路如图 5-25 所示。

$$u_{\mathrm{o}} = u_{\mathrm{C}} = \frac{1}{C_{\mathrm{f}}} \int i_{\mathrm{f}} \mathrm{d}t = \frac{1}{C_{\mathrm{f}}} \int u_{\mathrm{i}} \mathrm{d}t = -\frac{1}{R_{\mathrm{i}} C_{\mathrm{f}}} \int u_{\mathrm{i}} \mathrm{d}t$$

积分电路

当输入信号 u_{i} 为直流信号 U 时，输出 $u_{\mathrm{o}} = -\dfrac{U}{R_{\mathrm{i}} C_{\mathrm{i}}} t$

2．实施步骤

（1）画图

使用 Proteus 仿真软件，选择合适的电阻按图 5-25 所示完成接线，结果如图 5-26 所示。

（2）仿真测试

使用 Proteus 仿真软件，给输入端 u_{i} 输入 1V 方波，用示波器观察积分运算放大器的输出电压 u_{o} 的波形，如图 5-27 所示。

图 5-25　积分运算器电路图

图 5-26　画图

图 5-27　仿真测试

（3）结果分析

现象显示积分运算放大器会把方波转换成锯齿波，如图 5-28 所示。

图 5-28　测试结果

任务五　集成运算放大器的非线性应用——零电压比较器的应用

1. 零电压比较器的制作要求

（1）电压比较器的特性分析

在如图 5-29 所示电路中，U_R 为参考电压，u_i 为输入电压，运算放大器工作于开环状态。根据理想运算放大器工作在开环时的特点，有，当 $u_i < U_R$ 时，$u_o = +U_{opp}$；当 $u_i > U_R$ 时，$u_o = -U_{opp}$。$u_i = U_R$ 为转折点，为状态变化的门限电平。可见，图 5-29 所示电路可用来比较输入电压和参考电压的大小，称为电压比较器。因为图 5-29 所示电路为一个门限电平的比较器，所以也称为单门限比较器，其电压传输特性如图 5-30 所示。

电压比较器

图 5-29　电压比较器

图 5-30　电压传输特性

（2）零电压比较器的特性分析

当基准电压 $U_R = 0$ 时，则成为零电压比较器，即输入电压和零电平比较，称为过零比较器，其电路如图 5-31 所示，传输特性如图 5-32 所示。

图 5-31 过零电压比较器

图 5-32 电压传输特性

2．实施步骤

（1）画图

使用 Proteus 仿真软件，选择合适的电阻按图 5-29 所示完成接线，结果如图 5-33 所示。

图 5-33 画图

（2）仿真测试

使用 Proteus 仿真软件，给输入端 u_i 输入 1V 正弦波（1000Hz），用示波器观察零电压比较器的输出电压 u_o 的波形，如图 5-34 所示。

图 5-34 仿真测试

（3）结果分析

现象显示零电压比较器可以把正弦波转换成方波，如图 5-35 所示。

图 5-35　测试结果

任务六　音频放大电路中间级的制作

1. 音频放大电路中间级的制作要求

要求该电路采用两级集成运算放大器作放大之用，电压放大倍数达到 50 以上。

（1）音频放大电路中间级的电路结构

中间级音调控制电路由集成运算放大器 LM358，电阻 $R_6 \sim R_{14}$，电容 C_4、C_8、$C_{12} \sim C_{17}$、电位器 R_{P_2} 组成。其中，LM358（A1）组成的同相输入放大器构成电压放大部分，电容 C_{14} 至 C_{15} 之间的阻容网络构成音调控制部分。

图 5-36　音频放大电路的中间级原理图

（2）音频放大电路中间级的电路原理分析

A2 的作用是音调控制部分对信号衰减的补偿。音调控制作用是通过 RC 衰减器对高低频率信号的衰减倍数的不同来升或降高、低音信号的。R_{P_2} 为低音控制电位器，其滑动端由上端移至下端时，低频衰减逐渐加大，输出信号中的低频成分随之减小。

在电路中，运用瞬时极性法可判别出中间级两级放大电路为负反馈，通过反馈电阻 R_8 和 R_{14} 反馈交直流信号，可稳定电路的静态和动态特性，反馈信号和输入信号在不同端口，为串联反馈，可有效提高电路的输入电阻、输出端反馈电压信号，从而减小输出电阻。综上所述，电路所采用的反馈类型为电压串联负反馈，对信号的放大起到了很好的优化作用。

2．实施步骤

（1）安装

① 安装前应认真理解电路原理，弄清印制电路板上的元件与电路原理图的对应关系，并对所装元器件预先进行检查，确保元器件处于良好状态。

② 将器件清单的电阻、电容、电位器、集成运算放大器 LM358 等元件按图 5-36 所示的电路在实验板上焊好。

（2）电路测试

① 检查印制电路板上的元器件安装、焊接准确无误。

② 复审无误后通电，用万用表测试该放大电路各静态工作点的数值并记录，通过比较计算值和测量值判别安装有无错误。若出现数值异常，可通过修改电路中相应元器件的参数重新进行静态工作点的测试，直至正确。

③ 在电路输入端接入信号发生器，正确连接双踪示波器，并输出一定频率的正弦交流信号，观察双踪示波器的输入、输出波形并记录波形曲线，计算该电路的电压放大倍数并和计算值比较，观察是否吻合，若有偏差，分析其中的原因。

④ 将反馈电阻 R_8 断开，结合调试步骤③重新测定所有参数，体会负反馈对电路放大功能的影响。

|四、拓展知识|

（一）滞回电压比较器的工作原理

前面介绍的电压比较器只有一个门限电压，所以称为单门限电压比较器。单门限电压比较器虽然结构简单，但抗干扰能力差，故在某些场合需要用到双门限的电压比较器。双门限电压比较器又称为滞回电压比较器，其电路组成如图 5-37 所示。

根据反馈组态和极性的判别方法可得，滞回电压比较器是一个电压串联正反馈电路，因此运算放大器 u_+ 输入端的电压为

$$u_+ = \frac{R_1}{R_1 + R_2} u_o$$

该电路的输出电压为 $\pm U_Z$，根据门限电压的定义可得该电路的阈值电压为

$$U_{TH} = \pm \frac{R_1}{R_1 + R_2} U_Z \qquad (5-7)$$

即该电路有两个门限电压，分别称为上门限电压 U_{TH2} 和下门限电压 U_{TH1}。

输出电压随输入电压变化的情况是：设接通电路的瞬间，电路的输出电压为 $+U_Z$，则电路的阈值电压为上门限电压 U_{TH2}；当输入电压过 U_{TH2} 点，从小于 U_{TH2} 增大到大于 U_{TH2} 时，输出电压从 $+U_Z$ 变为 $-U_Z$，电路的阈值电压从上门限电压 U_{TH2} 变为下门限电压 U_{TH1}。此时，若输入电压过 U_{TH2} 点再从大于 U_{TH2} 减小到小于 U_{TH2} 时，因电路的门限电压已经变成下门限电压 U_{TH1} 了，所以电路的输出电压不发生变化，继续保持为 $-U_Z$。只有当输入电压过 U_{TH1}

点，从大于 U_{TH1} 减少到小于 U_{TH1} 时，输出电压才会从$-U_Z$变成$+U_Z$。根据滞回电压比较器输出电压随输入电压而变化的特征，可得滞回电压比较器的传输特性曲线如图 5-38 所示。

图 5-37 滞回电压比较器电路图

图 5-38 滞回电压比较器传输特性曲线

根据叠加定理可得该电路的阈值电压为

$$U_{TH1} = \frac{R_2}{R_1 + R_2} U_R - \frac{R_1}{R_1 + R_2} U_Z \tag{5-8}$$

$$U_{TH2} = \frac{R_2}{R_1 + R_2} U_R + \frac{R_1}{R_1 + R_2} U_Z \tag{5-9}$$

（二）滞回比较器的应用分析

例 5.3 在图 5-37 所示电路中，若稳压管的稳压值为$\pm U_Z$，$R_1=R_2$，输入信号的波形如图 5-39（a）所示，请画出输出电压的波形。

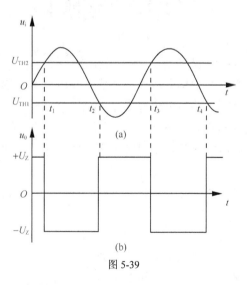

图 5-39

解： 根据式（5-7）可计算得电路的阈值电压为

$$U_{TH} = \pm \frac{R_1}{R_1 + R_2} U_Z$$

在图 5-39 所示输入信号的 U_{TH1} 和 U_{TH2} 处分别做一条平行于横轴的直线，在 U_{TH2} 与输入波形的交界点上做平行于纵轴的虚线，交横轴于 t_1 和 t_3 两点，在 U_{TH1} 与输入波形的交界点上做平行于纵轴的虚线，交横轴于 t_2 和 t_4 两点，如图 5-39（a）所示。在点 t_1 的左边，因输入信号电压小于阈值电压，输出电压为 $+U_Z$，在点 t_1 右边，点 t_2 的左边，因输入信号电压大于阈值电压，输出电压为 $-U_Z$；在点 t_2 右边，点 t_3 的左边，因输入信号电压小于阈值电压，输出电压为 $+U_Z$；根据输出电压的这个特点，可画得输出电压波形如图 5-39（b）所示。由图 5-39（b）所示可知，正弦波信号经滞回电压比较器整形变换后，成为矩形波。

| 小　结 |

1．集成运算放大器实现了器件、连线和系统的一体化，外接线少，具有可靠性高、性能优良、重量轻、造价低廉、使用方便等优点。

2．常用的集成运算放大器具有良好的特性，如电压放大倍数大、输入电阻高、共模抑制比高、输出电阻小等。理想集成运算放大器开环差模电压放大倍数 A_{od}、共模抑制比 K_{CMRR}、差模输入电阻 r_{id} 可视作无穷大，输出电阻可视作零，故具有"虚断"和"虚短"的特性。

3．反馈能有效地影响电路的放大性能，其中电压串联负反馈可有效增加输入电阻、减小输出电阻、提高放大倍数的稳定性、展宽通频带，是改善电路放大性能的最优反馈类型。音频放大电路中间级即采用了该种反馈类型。

| 习题及思考题 |

1．分别选择"反相"或"同相"填入下列各空内。

（1）_____比例运算电路中集成运算放大器反相输入端为虚地，而_____比例运算电路中集成运算放大器两个输入端的电位等于输入电压。

（2）_____比例运算电路的输入电阻大，而_____比例运算电路的输入电阻小。

（3）_____比例运算电路的输入电流等于零，而_____比例运算电路的输入电流等于流过反馈电阻中的电流。

（4）_____比例运算电路的比例系数大于 1，而_____比例运算电路的比例系数小于零。

2．填空：

（1）_____运算电路可实现 $A_u > 1$ 的放大器。

（2）_____运算电路可实现 $A_u < 0$ 的放大器。

（3）_____运算电路可将三角波电压转换成方波电压。

（4）_____运算电路可实现函数 $Y = aX_1 + bX_2 + cX_3$，a、b 和 c 均大于零。

（5）_____运算电路可实现函数 $Y = aX_1 + bX_2 + cX_3$，a、b 和 c 均小于零。

3．电路如图 5-40 所示，集成运算放大器输出电压的最大幅值为 ±14V，填表。

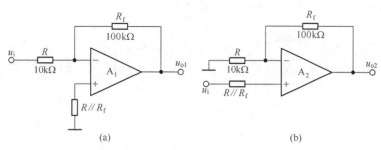

图 5-40　题 3 图

4. 设计一个比例运算电路，要求输入电阻 $R_i=20\text{k}\Omega$，比例系数为 100。

5. 电路如图 5-41 所示，试求：

（1）输入电阻；

（2）比例系数。

u_I/V	0.1	0.5	1.0	1.5
u_{O1}/V				
u_{O2}/V				

图 5-41　题 5 图

6. 电路如图 5-41 所示，集成运算放大器输出电压的最大幅值为 ±14V，u_i 为 2V 的直流信号，分别求出下列各种情况下的输出电压。

（1）R_2 短路；（2）R_3 短路；（3）R_4 短路；（4）R_4 断路。

7. 试求图 5-42 所示各电路中输出电压与输入电压的运算关系式。

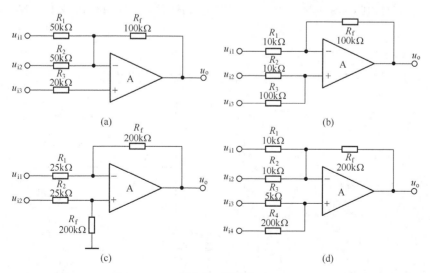

图 5-42　题 7 图

8．判断图 5-43 所示各电路中的反馈是什么类型。

（a）

（b）

（c）

（d）

图 5-43　题 8 图

9．有一负反馈放大器，其开环增益 $A=100$，反馈系数 $F=1/10$，问它的反馈深度和闭环增益各是多少？

10．有一负反馈放大器，当输入电压为 0.1V 时，输出电压为 2V，而在开环时，对于 0.1V 的输入电压其输出电压则有 4V，试计算其反馈深度和反馈系数。

11．有一负反馈放大器，$A=103$，$F=0.099$，已知输入信号 $U_i=0.1V$，求其净输入量 U_i'、反馈量 U_f 和输出信号 U_o。

12．一个放大器，引入电压串联负反馈，要求当开环放大倍数 A_u 变化 25% 时，闭环放大倍数 A_{uf} 的变化不超过 1%，又要求闭环放大倍数 A_{uf} 为 100，问 A_u 的值至少应选多大？这时反馈系数 F 又应当选多大？

13．电压比较器电路如图 5-44（a）所示，已知运算放大器 $\pm U_{OM}=\pm15V$，$\pm U_Z=\pm7V$，稳压管正向电压忽略。

（1）画出电压传输特性 $u_o=f_{(u_i)}$ 曲线。

（2）若在输入端加入图 5-44（b）所示正弦曲线，试画输出电压波形。

（a）

（b）

图 5-44　题 13 图

14．在图 5-45 所示电路图中，已知 $R_f=4R_1$，求 u_o 与 u_{i1}、u_{i2} 的关系式。

图 5-45　题 14 图

15．在图 5-46 所示运算放大电路中，已知 $u_1 = 10\ \text{mV}$，$u_2 = 30\ \text{mV}$，求 $u_\text{o} = $?

图 5-46　题 15 图

16．电路如图 5-47 所示，设 A_1、A_2 均为理想集成运算放大器。

（1）A_1、A_2 工作在哪个区域？

（2）试求 u_o1、u_o2 的值。

图 5-47　题 16 图

项目六
振荡电路的设计和测量

| 一、项目分析 |

在电子电路中，常常需要各种波形的信号，如正弦波、方波、三角波和锯齿波等，作为测试信号或控制信号。我们常常把产生波形信号的电路，称为信号源，或者称为信号发生器。能自己产生信号的电路叫做振荡器。就其信号的波形来说，可分为正弦波或非正弦波。

高低频信号发生器

项目内容

本项目的任务是制作一个由集成运算放大器等组成的频率分段可调的正弦波发生器和参数可调的方波、三角波、锯齿波等非正弦波信号发生器。

知识点

① 正弦波振荡电路的组成及产生正弦波振荡的基本条件；
② RC 桥式正弦波振荡器的工作原理；
③ 非正弦波振荡电路的组成。

能力点

① 正弦波电路的参数设计；
② Proteus 相关仿真软件的使用方法；
③ 沟通能力及团队协作精神、良好的职业道德。

|二、相关知识|

1. 振荡现象

振荡是一种物理现象，现已广泛用于通信、广播、雷达、电子计算机和测量仪器（如实验室的各类测试仪器）等方面，如图 6-1 所示。

（a）收音机 （b）雷达 （c）信号发生器

图 6-1 振荡的应用

日常生活中，也常常遇到振荡现象。例如，在一些大型晚会活动中，经常会因为功放音量开得过大或话筒距离扬声器太近而发出刺耳的尖叫声，这种现象就是振荡现象。扬声器发出的尖叫声是因经过话筒反复被放大。

电压、电流或其他电量的幅度随时间而反复变化的物理现象称为振荡。

2. 自激振荡现象

振荡器是用来产生一定频率和幅度的交流信号的电路单元，是利用自激振荡而工作的。也就是说，振荡器无需外接输入便可产生一定频率和幅度的交流信号，这是振荡器与放大器最根本的区别。实际应用的振荡器，开始并不需要外加信号激励，而是当接通电源的瞬间，电路收到微弱的扰动，就形成了初始信号。这个信号，经过放大器放大、选频后，通过正反馈网络回送到放大器的输入端，形成了放大—选频—正反馈—再放大的过程，使输出信号的幅度逐渐增大，振荡便由小到大地建立起来了。当信号幅度达到一定数值时，受晶体管非线性区域的限制作用，使电路的放大倍数减小，振幅也就不再增大，最终使电路维持稳幅振荡。

3. 正弦波振荡器的条件

只将输出信号反馈到输入端，并不能保证产生正弦振荡。在图 6-2 所示的振荡电路中，$\dot{A}$ 为基本放大电路，$\dot{F}$ 为反馈网络，$\dot{X}_a$ 表示放大器的净输入信号。当选择开关 K 打在端点 1 时，放大电路没有反馈，其输入信号为外加输入信号 $\dot{X}_i$（设为正弦波信号），信号经放大后，输出信号为 $\dot{X}_o$，如果通过正反馈引入反馈信号 $\dot{X}_F$ 与 $\dot{X}_a$ 的幅度和相位都相同，即 $\dot{X}_F = \dot{X}_a$，那么，可以用反馈信号代替外加输入信号。这

图 6-2 正弦波振荡电路的框图

时如果将开关 K 打到 2 上，就构成了一个由放大电路和反馈网络组成的闭环系统，此时即使去掉输入信号 $\dot{X}_i$，电路仍能维持稳定输出，成为一个没有输入信号也能产生稳定输

出信号的振荡电路。

由分析可知，振荡电路的基本条件是反馈信号 $\dot{X}_F$ 与净输入信号 $\dot{X}_a$ 大小相等、相位相同。因为反馈信号为

$$\dot{X}_F = \dot{F}\,\dot{X}_o = \dot{F}\dot{A} = \dot{X}_a \tag{6-1}$$

当满足 $\dot{X}_F = \dot{X}_a$ 时，有

$$\dot{F}\dot{A} = 1 \tag{6-2}$$

根据式（6-2），下面来分析电路产生振荡的条件。

式（6-2）可分解为幅相两部分。

（1）幅度平衡条件

$$\left|\dot{F}\dot{A}\right| = 1 \tag{6-3}$$

幅度平衡条件要求放大器的放大倍数 A 与反馈网络的反馈系数 F 的乘积的模为 1，这是对放大器和反馈网络在信号幅度方面的要求。

（2）相位平衡条件

$$\varphi_a + \varphi_f = 2n\pi \quad (n=0,\ 1,\ 2\ldots) \tag{6-4}$$

相位平衡条件要求放大器对信号的相移与反馈网络对信号的相移之和为 $2n\pi$，即电路必须引入正反馈。

以上就是振荡电路工作的两个基本条件。幅值条件和相位条件是正弦波振荡电路维持振荡的两个必要条件。需要说明的是，振荡电路在刚刚起振时，噪扰电压（激励信号）很弱，为了克服电路中的其他损耗，往往需要正反馈强一些，这样，正反馈网络每次反馈到输入端的信号幅度会比前一次大，从而激励起振荡。所以起振时必须满足：

$$\left|\dot{F}\dot{A}\right| > 1 \tag{6-5}$$

式（6-5）称为振荡电路的起振条件。

为了获得某一指定频率 f_0 的正弦波，可在放大电路或反馈电路中，加入具有选频特性的网络，使只有某一选定频率 f_0 的信号满足振荡条件，而其他频率的信号则不满足振荡条件。

4．正弦波振荡器的组成

根据振荡电路对起振、稳幅和振荡频率的要求，振荡器由以下几部分组成。

（1）放大电路。它具有放大信号的作用，并能将电源的直流电能转换成振荡信号的交流能量。

（2）正反馈网络。它形成正反馈，满足振荡器的相位平衡条件。

（3）选频网络。在正弦波振荡电路中，它的作用是选择某一频率 f_0，使之满足振荡条件，形成单一频率的振荡。

（4）稳幅电路。它用于稳定振荡器输出信号的振幅，从而改善波形。

在不少实用电路中，常将选频网络兼作反馈网络；而且，对于分立元件放大电路，也不再另加稳幅环节，而依靠晶体管特性的非线性来自动起到稳幅作用。

5．正弦波振荡电路的分类

正弦波振荡电路常用选频网络所用的元件来命名，有 RC 正弦波振荡电路、LC 正弦波振荡电路和石英晶体正弦波振荡电路 3 种类型。RC 正弦波振荡电路的振荡频率较低，一般在 1MHz 以下，LC 正弦波振荡电路的振荡频率多在 1MHz 以上，石英晶体正弦波振荡电路也可等效为 LC 正弦波振荡电路，其特点是振荡频率非常稳定。

RC 正弦波振荡电路

（1）RC 正弦波振荡电路

① RC 正弦波振荡电路的组成

RC 正弦波振荡电路也称为文氏桥振荡电路（它是由 RC 串、并联电路构成的选频、正反馈网络和同相比例运算电路）。

图 6-3 所示为 RC 桥式正弦波振荡电路，这个电路由放大电路 $\dot{A}_u$ 和选频网络 $\dot{F}_u$ 组成。图中 $\dot{A}_u$ 是由 R_1、R_f 组成的电压串联负反馈放大电路，取其高输入阻抗和低输出阻抗的特点。选频网络兼正反馈网络 $\dot{F}_u$ 由 RC 串并联电路构成的，接在运算放大器输出端与同相输入端之间，即运算放大器的输出电压 u_0 作为反馈网络（RC 串并联网络）的输入电压，而将反馈网络的输出电压（即 Z_2 两端的电压）作为放大器同相端的输入电压。由图可知，Z_1、Z_2 和 R_1、R_2 正好形成一个四臂电桥，电桥的对角线顶点接到放大电路的两个输入端，桥式振荡电路的名称由此而来。

图 6-3　RC 振荡电路

② 电路工作原理

运算放大器组成的同相输入比例放大器的电压放大倍数为

$$\dot{A}_u = 1 + \frac{R_f}{R_1} \qquad (6\text{-}6)$$

RC 反馈网络（串并联网络）的反馈系数为

$$\dot{F}_u = \frac{Z_2}{Z_1 + Z_2} = \frac{1}{3 + j\left(\omega RC - \dfrac{1}{\omega RC}\right)} \qquad (6\text{-}7)$$

式中，Z_1 的阻抗为 $R + \dfrac{1}{j\omega C}$，Z_2 的阻抗为 $R /\!/ \dfrac{1}{j\omega C}$。由式（6-7）可见，反馈网络的反馈系数与频率有关，具有选频作用。

③ 电路振荡条件

根据电路产生自激振荡的条件为 $\dot{F}\dot{A} = 1$，所以该电路有

$$\dot{A}_u \dot{F}_u = (1 + \frac{R_f}{R_1}) \frac{1}{3 + j\left(\omega RC - \frac{1}{\omega RC}\right)} \tag{6-8}$$

为满足振荡的相位条件 $\varphi_a + \varphi_f = 2n\pi$，上式的虚部为零，即当 $\omega RC = 1/\omega RC$ 时，$\dot{F}_u = 1/3$，此时，

$$\omega = \omega_0 = \frac{1}{RC} \tag{6-9}$$

则有，RC 串并联正弦波振荡电路的振荡频率为

$$f_0 = \frac{1}{2\pi RC} \tag{6-10}$$

可见，该电路只有在这一特定的频率下才能满足相位条件，形成正反馈。

同时，当 $f = f_0$ 时，$F_u = \frac{1}{3}$，为满足振荡的幅值条件（$A_f = 1$），还必须使

$$A_u = 1 + \frac{R_f}{R_1} = 3 \tag{6-11}$$

为了顺利起振，应使 $A_f > 1$，即 $A > 3$。可接入一个具有负温度系数的热敏电阻 R_f，且 $R_f > 2R_1$，以便顺利起振。

例 6.1 如图 6-3 所示 RC 桥式正弦波振荡电路。已知 $C = 6800\text{pF}$，$R = 22\text{k}\Omega$，$R_1 = 20\text{k}\Omega$，要使电路产生正弦波振荡，R_f 应为多少？电路振荡频率为多少？

解： RC 桥式正弦波振荡电路的电压放大倍数 $A_u = 3$，那么根据题意有

$$A_u = 1 + \frac{R_f}{R_1} = 1 + \frac{R_f}{20} = 3$$

得

$$R_f = 40\text{k}\Omega$$

电路振荡频率为

$$f_0 = \frac{1}{2\pi RC} = \frac{1}{2 \times 3.14 \times 22 \times 10^3 \times 6800 \times 10^{-12}} \text{Hz} = 1064\text{Hz}$$

④ 常用稳幅措施

图 6-4 所示为两种具有稳幅环节的文氏桥振荡器。电路中分别利用二极管的非线性和热敏电阻的特性自动完成输出信号幅度的稳定。两种电路采用的元件不同，但都是利用改变负反馈深度来达到稳幅的目的。

(a) 负温度系数热敏感电阻稳幅　　　　　　　　(b) 二极管非线性元件稳幅

图 6-4　具有稳幅环节的文氏桥振荡器

RC 文氏桥正弦波振荡器的特点是电路简单、容易起振，但调节频率不太方便，振荡频率不高，一般适用于 1Hz~1MHz 的场合，对于 1MHz 以上的信号，应采用 LC 振荡电路。因为当要求实现很高的频率时，要求 R、C 很小，实际实现较困难；同时在调节频率时必须同时改变串并联中 R、C 的值，这个问题可采用双联电位器或双联可变电容器来解决。

（2）LC 正弦振荡电路

LC 正弦波振荡电路可产生频率高于 1MHz 以上的正弦波信号。LC 正弦波振荡电路与 RC
桥式正弦波振荡电路的组成原则在本质上是相同的，只是选频网络采用
LC 电路。在 LC 振荡电路中，当 $f=f_0$ 时，放大电路的放大倍数数值最大，
而其余频率的信号均被衰减到零；引入正反馈后，使反馈电压作为放大
电路的输入电压，以维持输出电压，从而形成正弦波振荡。

LC 正弦波振荡电路

仿照 RC 文氏桥振荡电路，将 RC 串并联选频回路用 LC 并联谐
振回路代替，即可得到图 6-5 所示的由集成运算放大器构成的 LC 正弦波振荡电路。其
中 R_1、R_2、R_3、VD_1、VD_2 和 A 构成带稳幅电路的同相放大器。LC 谐振回路为选频网
络，其谐振频率为

$$f = \frac{1}{2\pi LC} \tag{6-12}$$

图 6-5　LC 振荡电路

电路可通过变阻器 R_4 调节输出信号的幅度。变阻器 R_4 滑动端向上移动时，正反馈量增
大，输出幅度随之增大；反之，输出幅度减小。

实际应用的 LC 正弦波振荡电路频率的稳定度不高，对要求高稳定度的振荡频率，应采用石英
晶体正弦波振荡器。

（3）石英晶体正弦波振荡电路

石英晶体正弦波振荡器也称为石英晶体正弦波谐振器，它用来稳定频率
和选择频率，是一种可以取代 LC 谐振回路的晶体谐振元件。石英电子表的
计时是非常准确的，这是因为在表的内部有一个用石英晶体做成的振荡电
路，简称"晶振"。在要求频率稳定度高的场合，都采用石英晶体振荡电路。
它广泛应用于标准频率发生器、电视机、影碟机、录像机、无线通信设备、
电子钟表、数字仪器、仪表等电子设备中。

① 石英晶体的体型和结构

石英是一种硬度很大的天然六棱形晶体，如图 6-6（a）所示。它是硅石的一种，其化学
成分是二氧化硅。从一块晶体上按一定的方位角切下的薄片称为晶片，晶片可以是正方形、

矩形或圆形等，如图 6-6（b）所示。

（a）天然石英晶体　　　　　　　　　　　（b）石英晶片

图 6-6　石英晶体及晶片

将晶片的两个对应表面敷上银层并引出两个电极，再外加上外壳封装就构成了石英晶体正弦波振荡器。石英晶体正弦波振荡器一般由外壳、晶片、金属板、引线、绝缘体、晶体座等组成，外壳材料有金属、玻璃、胶木、塑料等，外形有圆柱形、管形、长方形、正方形等，如图 6-7 所示。

（a）内部结构　　　　　　　　　　　（b）外形

图 6-7　石英晶体产品

② 石英晶体正弦波振荡器的符号和等效电路

石英晶体正弦波振荡器的图形符号如图 6-8（a）所示。

（a）石英晶体的图形符号　　　（b）石英晶体的等效电路图

图 6-8　石英晶体的图形符号和等效电路

石英晶体正弦波振荡器的等效电路如图 6-8（b）所示，其中，C_0 为支架电容，C-L-R 支路是振荡器的等效电路。

由石英晶体振荡器的等效电路可以看出，该振荡器有两个谐振频率，一个是串联谐振频率 f_s，另一个是并联谐振频率 f_p。在石英晶体振荡器中，并联谐振频率 f_p 略高于串联谐

振频率 f_s。

③ 石英晶体正弦波振荡电路

以石英晶体振荡器作为选频元件组成的正弦波振荡器电路的形式是多样的，但是其中的基本电路只有两类：一类为并联型石英晶体正弦波振荡器，工作在 f_p 与 f_s 之间，石英晶体相当于电感；另一类为串联型石英晶体正弦波振荡器，工作在 f_s 处，利用阻抗最小的特性来组成振荡电路。

（a）串联型石英晶体振荡电路。串联型石英晶体振荡电路如图 6-9（a）所示。它的反馈信号不是直接接到晶体管的输入端，而是经过石英晶体接到晶体管的发射极与基极之间，从而实现正反馈。当调谐振荡回路，使其振荡频率等于石英晶体谐振器的串联谐振频率 f_s 时，晶体的阻抗最小，且为纯电阻，这时正反馈最强，相移为零，故满足自激振荡条件。对于 f_s 以外的其他频率，晶体的阻抗增大，相移也不为零，不满足自激振荡条件，因此振荡频率等于晶体的串联谐振频率 f_s。由于晶体的固有频率与温度有关，所以在特定的场合下，将采用温度补偿电路或将石英晶体置于恒温槽中，以达到更高频率稳定度的要求。

（b）并联型石英晶体振荡电路。并联型石英晶体正弦波振荡电路如图 6-9（b）所示。石英晶体运用在感性区，相当于一个电感器，因此，该电路可看做是一个电容三点式振荡电路。

(a)串联型石英晶体正弦波振荡电路

(b)并联型石英晶体正弦波振荡电路

图 6-9 石英晶体正弦波振荡电路

三、项目实施

任务一 正弦波信号发生器的仿真

1．实施要求

① 理解 RC 正弦振荡电路的组成和振荡的条件；

② 能设计 RC 电路中元件的参数；

③ 根据给定的频率，能设计一个 RC 文氏桥振荡器；

④ 能设计出一定参数的正弦波振荡电路，并加以仿真。

2．实施步骤

（1）电路原理图

选择二极管非线性元件稳幅 RC 桥式振荡原理电路，如图 6-4（b）所示。

（2）判断电路能否振荡

① 关键是相位：若相位条件不满足，则肯定不是正弦波振荡器。

② 方法：瞬时极性法。

（3）电路元件参数设计

① 振荡频率： 此电路的振荡频率为 $\qquad f_0 = \dfrac{1}{2\pi RC}$ （6-13）

② 起振幅值条件： $A_u = 1 + \dfrac{R_f}{R_1} \geqslant 3$，即 $R_f \geqslant 2R_1$。其中，$R_f = R_2 + R_3'$

③ 各元件参数选择

设计一个 10kHz 的正弦波振荡器，根据式（6-10），可得

$$RC = \frac{1}{2\pi f_0} = \frac{1}{2\pi \times 10 \times 10^3} \approx 1.59 \times 10^{-5}\,\text{s}$$

我们选择电容 C 为 1000pF，则 R=15.9kΩ。当然这种选择不是唯一的，根据幅值平衡条件，有 R_f/R_1=2，考虑到起振条件，应有 R_f/R_1>2，其中 $R_f = R_2 + R_3$。选择 R_1=10 kΩ，R_f=21 kΩ。再将 R_f 分为 16 kΩ 与 5.1 kΩ 两个电阻串联，在 5.1 kΩ 电阻上正反向并联二极管 1N4148，以便起到稳幅作用。随着振荡器输出幅度越来越大，二极管开始导通，当 5.1 kΩ 电阻与两个二极管并联后的总电阻等于 4 kΩ 时，即 R_f=16 + 4 = 20(kΩ) 时，将输出一个稳定的正弦波信号，约 4.5ms 后可以看到起振的波形，由示波器可以看到产生的波形。

（4）电路的仿真及调试

在 Proteus 9 中，RC 正弦波振荡器的仿真如图 6-10 所示。

图 6-10　RC 正弦振荡电路的仿真电路

双击[示波器]可以看到 RC 正弦波振荡器的起振过程和最终输出的波形，实测频率为

9.5513kHz，与理论设计值有 4.5% 的误差（可允许范围）。

用示波器输出端观察输出波形。用频率计或示波器测量所产生的正弦信号的频率，用示波器观测并记录运放反相、同相端电压 u_-、u_+ 和输出电压 u_0 的波形幅值与相位关系，测出 f_0，将测试值与理论值进行比较，将结果记录于表 6-1 中。

表 6-1　　　　　　　　　　　　　调试、测试结果记录表

测试值				计算值（理论值）
u_+	u_-	u_0	f_0	f_0

u_+ 与 u_0 的相位关系：

u_- 与 u_0 的相位关系：

任务二　正弦波振荡电路的实际测量

1．实施要求（包括职业证书要求、环境要求、设备要求等）

① 进一步理解 RC 正弦振荡电路的组成和基本工作原理；

② 学会 RC 正弦波振荡电路的搭接和测量方法；

③ 培养学生分析电路、解决实际问题的能力。

2．实施步骤（不涉及具体硬件设备，宏观概括性地操作）

（1）实验器材

万用表、示波器、直流稳压电源。

（2）电路原理图

RC 桥式振荡原理电路如图 6-4（b）所示。

（3）具体步骤

① 按表 6-2 所示准备配套的电子元件及材料明细。

表 6-2　　　　　　　　　　　　　配套电子元件及材料明细表

序　号	元器件代号	名　称	型号参数	数　量
1	R	电阻器	RT—0.125—15.9kΩ±5%	2
2	R_1	电阻器	RT—0.125—10kΩ±5%	1
3	R_3	电阻器	RT—0.125—5.1kΩ±5%	1

序　号	元器件代号	名　称	型　号　参　数	数　量
4	R_2	电阻器	RT—0.125—16kΩ±5%	1
5	C_1、C_2	电容器	CL11—63V—1000pF±1%	2
6	VD_1、VD_2	二极管	1N4148	2
7	IC1	运算放大器	LM741	1

② 按原理图接线、测试并记录

按工艺要求搭接电路。应注意，集成运算放大器的管脚和正负电源，二极管的正负不要接错，并通过引线引出集成运放的正、负电源端以及输出端，公共接地端。

（a）电路搭接好后，反复检查搭接电路，在确定电路连接无误的情况下，将集成运放接上正、负直流稳压电源，用示波器接输出端观察输出波形，调节 R_2 使电路起振且使波形失真最小，并观察电阻 R_2 的变化对输出波形的影响。

（b）用示波器测量所产生正弦波信号的频率，测出 f_0，将测试的 f_0 值与理论值进行比较，将结果记录于表 6-3 中。

（c）用示波器观测并记录运放反相、同相端电压 u_+、u_- 和输出电压 u_0 的波形。

表 6-3　　　　　　　　　　　　　　调试、测试结果记录表

测试值				计算值（理论值）
u_+	u_-	u_0	f_0	f_0
波形记录：				

| 四、拓展知识 |

在实用电路中除了常见的正弦波外，还有方波、三角波、锯齿波、尖顶波和阶梯波，如图 6-11 所示。

图 6-11　非正弦波信号

下面主要介绍模拟电子电路中常用的方波、三角波和锯齿波这 3 种非正弦波波形发生电路的组成、工作原理、波形分析和主要参数，以及波形变换电路的原理。

1．方波发生电路

方波发生电路是其他非正弦波发生电路的基础。例如，方波信号加在积分运算电路的输入端，则在输出端获得三角波信号；改变积分电路正向积分和反向积分时间常数，使某一方

向的积分常数趋于零，则可获得锯齿波。

因为方波电压只有两种状态：高电平、低电平，所以电压比较器是它的重要组成部分；因为产生振荡就是要求输出的两种状态自动地相互转换，所以电路中必须引入反馈；因为输出状态应按一定的时间间隔交替变化，即产生周期性变化，所以电路需要有延迟环节的滞回电压比较器，其发生电路的基本电路结构如图 6-12 所示，它由滞回电压比较器和在运放的负反馈网络中起延迟作用的 RC 积分电路组成。调节电位器 R_W 滑动端的位置可以调节输出方波电压波形的占空比。

电路输出电压的幅度由稳压管的稳定电压 U_Z 来决定。忽略二极管的导通电阻时，相应的方波振荡频率为

$$f_0 = \frac{1}{T_0} = \frac{1}{(R_W + 2R)C \ln\left(1 + \dfrac{2R_1}{R_2}\right)}$$

图 6-12 方波发生电路

方波的占空比为

$$\frac{T_1}{T_0} = \frac{R + R_W^{'}}{R_W + 2R}$$

式中，$R_W^{'}$ 指的是调节电位器 R_W 与 VD_1 接入电路的那部分电阻值，T_1 为输出方波电压维持高电平输出的时间。

2．三角波发生电路

图 6-13 所示为三角波信号发生器的基本电路结构。它是由同相型滞回电压比较器及反相积分器加闭环反馈组成的。u_{o1} 是输出幅度为 $\pm U_Z$，占空比为 0.5 的方波信号；u_{o2} 是输出幅度为 $\pm\dfrac{R_1}{R_2}U_Z$，随时间线性变化的三角波信号，相应的振荡频率为 $f_0 = \dfrac{R_2}{4R_1RC}$。

3．锯齿波发生电路

如果图 6-13 所示的三角波发生电路正向积分时间常数远大于反向积分时间常数，或者反向积分时间常数远大于正向积分时间常数，那么输出电压 u_{o2} 上升和下降的斜率相差很多，就可以获得锯齿波。利用二极管的单向导电性使积分电路两个方向的积分通路不同，就可得到锯齿波发生电路，如图 6-14 所示。调节电位器 R_W 滑动端的位置可以调节输出锯齿波的占空比。

图 6-13　三角波发生电路

图 6-14　锯齿波发生电路

|小　　结|

本项目主要讲述了正弦波振荡电路、非正弦波发生电路的组成及其原理，具体内容如下。

1. 正弦波振荡电路产生的条件：既要使电路满足幅度平衡条件 $\left|\dot{F}\dot{A}\right|=1$，又要满足相位平衡条件 $\varphi_a + \varphi_f = 2n\pi$（$n$ 为整数）。

2. 正弦波振荡电路一般由放大电路、选频网络、正反馈网络和稳幅环节 4 部分组成。按选频网络所用元件不同，主要分为 RC 正弦波振荡电路，LC 正弦波振荡电路和石英晶体正弦波振荡电路 3 种类型。

3. 改变选频网络的参数，可以改变电路的振荡频率。RC 正弦波振荡电路的振荡频率较低，一般在 1MHz 以下，文氏桥式 RC 正弦波振荡电路的振荡频率为 $f_0 = \dfrac{1}{2\pi RC}$；LC 正弦波振荡电路的振荡频率多在 1MHz 以上，LC 正弦波振荡电路的振荡频率为 $f_0 = \dfrac{1}{2\pi LC}$；石英晶体正弦波振荡电路也可等效为 LC 正弦波振荡电路，其特点是振荡频率非常稳定。

4. 电压比较器是非正弦波发生电路的重要组成部分。电压比较器中，集成运算放大器工作在非线性区，其输出不是高电平，就是低电平。电压比较器的电压传输特性有 3 个要素：①输出高、低电平，它取决于集成运放输出电压的最大幅值或输出端的限幅电路；②门限电压，它是使集成运放同相输入端和反相输入端电位相等的输入电压；③输入电压过门限电压时输出电压的跃变方向，它取决于输入电压是作用于集成运放的反相输入端，还是同相输入端。

5. 非正弦波发生电路一般由滞回电压比较器和 RC 延时电路组成，主要参数是振荡幅值和振荡频率。由于滞回电压比较器引入了正反馈，从而加速了输出电压的变化。延时电路使比较器输出电压周期性地从高电平跃变到低电平，再从低电平跃变到高电平，而不停留在某一稳态，从而使电路产生振荡。

习题及思考题

一、填空题

1. 电路要振荡必须满足_____和_____两个条件。

2. 正弦振荡器常以选频网络所用元件来命名，分为_____正弦振荡器，_____正弦振荡器和_____正弦振荡器。

3. 正弦振荡器一般由_____、_____、_____和_____ 4 部分组成。

二、判断题

（　　）1. 电路满足正弦波振荡的振幅平衡条件时，就一定能振荡。

（　　）2. 电路只要存在正反馈，就一定产生正弦波振荡。

（　　）3. 振荡器中的放大电路都由集成运放构成。

（　　）4. LC 正弦振荡电路与 RC 正弦振荡电路的组成原则上是相同的。

（　　）5. 文氏桥式正弦波振荡电路的选频网络是 RC 串并联网络，LC 正弦波振荡电路的选频网络是 LC 谐振回路，选频网络决定振荡器的振荡频率。

（　　）6. 振荡器与放大器的主要区别之一是，放大器的输出信号与输入信号频率相同，振荡器一般不需要输入信号。

（　　）7. 要制作频率稳定度很高，而且频率可调的正弦波振荡器，一般采用晶体振荡电路。

三、分析计算题

1. 若将文氏桥电路的选频网络去掉，换上一根导线，是否也能产生振荡？这样做会有什么问题？

2. 振荡器为何要引入负反馈？这样做会不会使振荡器不振？

3. 在图 6-15 所示电路中，（1）为满足正弦波振荡电路的振荡条件，试用 "+" 和 "–" 标出集成运放的同相端和反相端，并说明电路是哪种类型的正弦波振荡电路；（2）若 R_1 短路，电路将产生什么现象；（3）若 R_1 断开，电路将产生什么现象；（4）若 R_f 短路，电路将产生什么现象；（5）若 R_f 断开，电路将产生什么现象？

图 6-15　计算题 3 图

4. 设运算放大器 A 是理想的，试分析图 6-16 所示正弦波振荡电路中，（1）若能起振，R_P 和 R_2 两个电阻之和大于多少？（2）此电路的振荡频率是多少？（3）试证明稳定振荡时，输出电压的峰值 $U_{om} = \dfrac{3R_1}{2R_1 - R_P} U_Z$。

图 6-16　计算题 4 图

5. 图 6-17 所示电路是一低成本函数发生器，分析电路组成，画出 u_{o1}、u_{o2}、u_{o3} 的波形，并写出振荡频率的表达式。

图 6-17　计算题 5 图

项目七
模拟电子技术项目综合设计

| 一、相关知识 |

（一）功率放大电路的特点

在实际应用电路中，通常要利用放大后的信号去控制某一负载工作。例如，声音信号经扩音器放大后驱动扬声器发声，传感器微弱的感应信号经电路放大后驱动继电器闭合或断开等。为了控制这些负载，要求放大电路既要有较大的电压输出，同时又要有较大的电流输出，即要求有较大的功率输出。因此，多级放大电路的末级通常为功率放大电路。

一般来说，电压放大电路的信号输入幅度小，解决的主要问题只是电压的放大，其输出的功率比较小。而功率放大器的主要目的，就是要把电压放大电路输出的较大电信号进行功率放大，向负载提供足够大的输出功率。因此，功率放大电路不同于电压放大电路，它们具有以下特点：

① 以输出足够大的功率为主要目的。

② 大信号输入，动态工作范围很大。

③ 通常采用图解分析方法。

④ 分析的主要指标是输出功率、效率和非线性失真等。

（二）功率放大电路的基本要求

功率放大电路不仅要有足够大的电压变化量，还要有足够大的电流变化量，这样才能输出足够大的功率，使负载正常工作。因此，对功率放大电路有以下几个基本要求。

1. 输出功率要大

功率放大器的主要目的是为负载提供足够大的输出功率。在实际应用时，除了要求所选的功放管具有较高工作电压和较大的工作电流外，还应注意电路参数不能超过晶体管的极限值：I_{CM}、U_{CEM}、P_{CM}。同时，选择适当的功率放大电路、实现负载与电阻抗匹配等，也是电路有较大功率输出的关键。

2. 效率要高

功率放大电路的输出功率由直流电源 V_{CC} 提供。由于功放管及电路自身的损耗，电源提

的功率 P_V 一定大于负载获得的输出功率 P_o，我们把 P_o 与 P_V 之比称为电路的效率 η，$\eta = P_o/P_V$。显然，功率放大电路的效率越高越好。

3．非线性失真要小

由于功率放大电路工作在大信号放大状态，信号的动态范围大，功率放大管工作易进入线性范围。因此，功率放大电路必须想办法解决非线性失真问题，使输出信号的非线性失真尽可能地减小。

4．功放管的散热保护措施

功率放大电路在工作时，功率放大管消耗的能量将使其自身温度升高，不但影响其工作性能，甚至导致其损坏，为此，功放管需要采取安装散热片等散热保护措施。另外，为了保证功放管安全工作，还应采用过压、过流等保护措施。

功率放大电路的分类

（三）功率放大电路的分类

1．按电路中三极管的工作状态分类

（1）甲类功率放大器

静态工作点 Q 位于交流负载线的中点，如图 7-1（a）中所示 Q_A。在输入信号的整个周期内，三极管始终处于放大状态，输出信号失真小，但电路效率低，如图 7-1（b）所示。

（a）工作点位置　　　　（b）甲类波形　　　（c）乙类波形　　　（d）甲乙类波形

图 7-1　功率放大电路的分类及其信号输出波形

（2）乙类功率放大器

静态工作点 Q 位于交流负载线和输出特性曲线中 $i_B=0$ 的交点，如图 7-1（a）中所示 Q_B。在输入信号的整个周期内，三极管只对半个周期的信号进行放大，输出信号只有半个波形，电路效率高，如图 7-1（c）所示。

（3）甲乙类功率放大器

静态工作点 Q 在交流负载线上略高于乙类工作点，如图 7-1（a）中所示 Q_C。静态时 i_C 很小，在输入信号的整个周期内，三极管能对大半个周期的信号进行放大输出信号有大半个波形，削波程度略小于乙类功率放大器，电路效率较高，如图 7-1（d）所示。

2．按功率放大器输出端特点分类

① 有输出变压器功率放大电路。

② 无输出变压器功率放大电路（又称为 OTL 功率放大电路）。

③ 无输出电容器功率放大电路（又称为 OCL 功率放大电路）。

④ 桥式无输出变压器功率放大电路（又称为 BTL 功率放大电路）。

（四）功率放大电路的主要性能指标

1. 最大输出功率 P_{om}

电路的输出功率 P_o 等于信号输出电压 U_o（有效值）乘以信号输出电流 I_o（有效值），$P_o = U_o I_o$，因此，电路最大输出功率 P_{om} 有：

$$P_{om} = U_o I_o = \frac{U_{om}}{\sqrt{2}} \frac{I_{om}}{\sqrt{2}} = \frac{1}{2} U_{om} I_{om}$$

式中，I_{om} 表示输出电流的振幅，U_{om} 表示输出电压的振幅。

2. 效率 η

电路的效率等于负载获得的信号功率 P_o 与电源提供的直流功率 P_V 之比，即

$$\eta = \frac{P_o}{P_V}$$

3. 非线性失真系数 THD

由于功放三极管特性的非线性，导致电路在输入单一频率的正弦信号时，输出信号为非单一频率的正弦信号，即产生非线性失真。非线性失真的程度用非线性失真系数 THD 来衡量。非线性失真系数 THD 的大小等于非信号频率成分 电量与信号频率成分电量之比。即

$$THD = \frac{非信号频率成分电量}{信号频率成分电量}$$

（五）基本功率放大电路

1. 乙类互补对称功率放大电路

它又称互补对称式推挽 OTL 功率放大电路，其工作原理如下：

（1）工作原理

图 7-2 所示为由两个射极输出器组成的互补对称功率放大电路。

(a)由NPN型三极管组成　　　　　(b)由NPN型三极管组成　　　　　(c)互补对称电路

图 7-2　乙类互补对称功率放大电路

由之前章节分析可知，射极输出器无电压放大作用，但有功率放大作用。图 7-2（a）所示为

由 NPN 型三极管组成的射极输出器，工作于乙类放大状态，在输入信号 u_i 的正半周导通。图 7-2（b）所示为由 PNP 型三极管组成的射极输出器，也工作于乙类放大状态，在输入信号 u_i 的负半周才导通。如果将两者共同组成一个输出级，如图 7-2（c）所示。当输入信号 u_i=0 时，两管均处于截止状态；当 $u_i \neq 0$ 时，在输入信号 u_i 的正半周 NPN 型三极管导通，而 PNP 型三极管截止；负半周 PNP 型三极管导通，而 NPN 型三极管截止。因此，当有正弦信号电压 u_i 输入时，两管轮流导通，推挽工作，在负载中就获得基本接近于信号变化的电流（或电压），如图 7-2（c）所示。

这种电路要求两个管子性能一致，以使输出电压 u_o 的波形正负半周对称。在互补对称放大电路工作在乙类状态，输入信号足够大和忽略管子饱和压降的情况下，其理论效率可达到 78.5%，实际效率一般不超过 60%。

（2）"交越"失真问题

必须指出，如果将静态工作点 Q 选择在三极管特性曲线的截止处，但是，由于三极管输入特性的非线性，输入信号的幅度必须大于三极管的死区电压才能导通。因此，当的比较小（过零点附近）时，其输出波形将会产生失真，如图 7-3 所示。这种信号在过过零点附近产生的失真，称为交越失真。

2. 甲乙类互补对称功率放大电路

为了消除交越失真，在实际电路中，通常在三极管 VT_1 和 VT_2 的基极之间加一定的偏置电路（如电位器、二极管、热敏电阻等，形成一定电位差的方法，将两个三极管的静态点设置在放大区边缘（甲乙类），以消除电路中的交越失真。

图 7-4 所示为甲乙类互补对称功率放大电路。利用二极管 VD_1、VD_2 上的正向压降给 VT_1、VT_2 的发射结提供一个正向偏置电压，使电路工作在甲乙类状态，从而消除了交越失真。由于 VD_1、VD_2 的动态电阻很小，

双电源互补对称电路

其上的信号压降也很小，故 VT_1、VT_2 基极的交流信号大小仍近似相极性相同，可保证两管交替对称导通。

图 7-3　交越失真波形

图 7-4　甲乙类互补对称功放电路

3. 单电源互补对称功率放大电路

上述互补对称电路中，均由正负对称的两个电源供电。静态时，输出端电位为零，可以直接接上对地的负载电阻 R_L，无需输出电容耦合，将这种电路称为无输出电容的互补对称放大电路，又称 OCL(Output Capacitorless) 电路。

 注　意

互补对称式推挽 OTL 功率放大电路与互补对称式推挽 OCL 功放电路的不同之处在于：OCL 电路采用正、负双电源供电，而 OTL 电路采用单电源供电；OCL 电路负载直接接地，而 OTL 电路有大容量输出电容与负载相连接地。

图 7-5 所示为单电源的互补对称电路,称为无输出变压器的互补对称放大电路,又称 OTL（Output Transformerless）电路。

在图 7-5 所示的单电源的互补对称 OTL 电路中,VT_1 和 VT_2 是一对输出特性相近、导电特性相反的功放管,利用电阻 R_1、R_2 及二极管 VD_1、VD_2 为 VT_1 和 VT_2 建立很小的偏置流,使其工作在输入特性的近似直线部分。适当选择 R_1 和 R_2,使点 E 的电压为 $\frac{1}{2}U_{CC}$。因为二极管 VD_1 的压降和 VT_1 的基—射极电压相等,所以点 A 的电压也为 $\frac{1}{2}U_{CC}$。

单电源互补对称电路

在静态（即 $u_i=0$）时,输入耦合电容 C_1 和输出耦合电容 C_0 被充电到 $\frac{1}{2}U_{CC}$,以代替 OCL 电中的电源 $-U_{CC}$。当 u_i 输入时,在 u_i 的正半周,VT_1 导通,VT_2 截止,电源 $+U_{CC}$ 经 VT_1、C_0、R_L 到地进一步给 C_0 充电,VT_1 管以射极输出的形式将正方向的信号变化传给负载 R_L;在 u_i 的负半周,基极电位（即点 A 的电位）低于 $\frac{1}{2}U_{CC}$,VT_1 管处于反向偏置而截止,VT_2 管导通,此时,电容 C_0 作为电源,通过 VT_2 对负载电阻 R_L 放电,放电电流经 R_L 形成 u_o 的负半波。这样在 R_L 上得到一个完整的正弦波形。

图 7-5 单电源的互补对称 OTL 电路

二、双电源单声道扩音机电路装调

（一）实训目的

本实训为集成功放扩音机电路的装调,简单实用。它是《模拟电子技术》课程的实训项目,对巩固和提高学生掌握低频电子技术知识十分有利。本实训可以让学生感受电子电路装调的全过程,提高学生综合运用电子技术知识的能力,激发学习兴趣。通过本实训能使学生深刻体验到制作电子电路的乐趣,使同学们对电子技术应用的认识有一个质的飞跃,为后续课程的实训及今后工作打下良好基础。本实训也可作为电子竞赛的基本培训内容。通过本实训电路的制作还应达到以下目的:

① 学习电子电路的识图方法;
② 掌握焊接应用集成电路电子元件的实操方法;
③ 加深对集成运算放大器电路应用于线性放大的了解;
④ 掌握调试集成运算放大器线性放大电路的基本方法。

（二）扩音机工作原理

1. 集成功率放大器的应用

（1）TDA2030A 音频集成功率放大器简介

TDA2030A 是目前使用较为广泛的一种集成功率放大器，与其他功放相比，它的引脚和外部元件都较少，如图 7-6 所示。

TDA2030A 性能稳定，并在内部集成了过载和热切断保护电路，能适应长时间连续工作。由于其金属外壳与负电源引脚相连，因而在单电源使用时，金属外壳可直接固定在散热片上并与地线（金属机箱）相接，无须绝缘，使用很方便。

OTL 扩音机电路中的功放电路

TDA2030A 应用于收录机和有源音箱中，作音频功率放大器，也可用作其他电子设备中的功率放大；因其内部采用的是直接耦合，故也可以作直流放大。

它的主要性能参数如下。

电源电压 U_{CC}：$\pm 3V \sim \pm 18V$。

输出峰值电流：3.5A。

输入电阻：>0.5MΩ。

静态电流：<60mA（测试条件：$U_{CC} = \pm 18V$）。

电压增益：30dB。

频响 B_W：$0 \sim 140kHz$

（2）利用集成功率放大器制作音频放大电路输出级电路的结构及原理分析

图 7-7 所示的电路是双电源时 TDA2030A 的典型应用电路。输入信号 u_i 由同相端输入，为了保持两输入端直流电阻的平衡，使输入级偏置电流相等，选择 $R_3 = R_1$。VD_1、VD_2 起保护作用，用来泄放 R_L 产生的感生电压，将输出端的最大电压钳位在（$U_{CC} = +0.7V$）和（$-U_{CC} = -0.7V$）上。C_3、C_4 为去耦电容，用于减小电源内阻对交流信号的影响。C_1、C_2 为耦合电容。

图 7-6　TDA2030A 音频集成功率放大器

图 7-7　由 TDA2030A 构成的 OCL 电路

2．扩音机电路参考原理图

扩音机电路参考原理图如图 7-8 所示。

（三）实训仪器工具

万用表，低频信号发生器，示波器，毫伏表，30W 电烙铁，小剪钳等。

（四）实训步骤

（1）用万用表对变压器及电容、电阻等电子元器件的标值进行测试及筛选。

图 7-8　扩音机电路参考原理图

（2）对照电路原理图，尽量以最优方案在万能板上正确摆放元器件的位置。

（3）按实验电路原理图在万能实验板上将元器件焊好。注意：TDA2030A 的焊接时间不可过长；NE5532 只焊 IC 插座，不焊芯片，以免焊接过程烧坏芯片；电路板焊好后才能把集成运算放大器 NE5532 对应插入 IC 插座；焊接过程尽量做到不走飞线；保证焊接质量，做到不虚焊、不假焊；电解电容正负极不能错，否则可能爆电容，这是由于反接后漏电流过大发热所致。

（4）焊接完成后，清理干净焊板表面；对照电路原理图目测有无缺焊或短路等现象。

（5）检查无误后把电源接上。暂不接入喇叭。

（6）用万用表直流电压 50V 挡检测供电电源部分的各点电压，确认正常。

（7）测试电源电压无误后，用万用表直流电压 50V 挡分别测量 NE5532 及 TDA2030A。看各脚的直流工作电压是否正确；然后用万用表直流电压 1V 挡测量 TDA2030A 的 4 脚静态直流电压必须约为 0 V（<30 mV）。否则，万万不可接入喇叭，以免烧坏。

（8）检查无误后，进入仪表室开始调试。

在输出端接上 8Ω/20W 的假负载；从低频信号发生器取 1kHz、5mV 的正弦信号电压从电路板 U_i 处输入；用示波器分别在 U_i 输入处、NE5532 输出处（$C4$）和 DA2030A 输出处（4 脚）观察波形；通过用毫伏表测出假负载上的交流输出信号电压或从示波器上测出被放大正弦波的峰—峰值，测算出电压放大倍数及输出功率（8Ω 负载时输出功率可达 8W 以上；4Ω 负载时输出功率可达 16W）；将波形描绘下来供实验报告使用。

（9）仪表测试完成后，输出端去掉假负载，接上大功率音箱。

（10）从收音机线路输出端口或其他音频设备引出音频信号，把该信号从 Ui 端送入本扩音机，音箱即可放出强劲悦耳的音乐。（注意，输入的音频信号不可过大，否则容易令运算放大器产生阻塞现象，造成饱和失真）

（五）故障排除方法

故障现象	无　声	噪　声　大	自　激	失　真
故障原因及检修方法	① 首先检查电源电压是否正常，输入信号线及音箱接线是否短路、断路 ② 可从后级开始逐级用小螺丝刀触碰 R_6、R_1 电位器的动触头，喇叭会发出"咔嚓"的响声，且越往前级声音越大。由此可判断故障所在部位 ③ 检测 TDA2030A 各引脚的直流电压，5 脚应为 18V，4 脚应为 0V。NE5532 的 8、4 脚电压应为 ±12V ④ TDA2030A 很可能因焊接时间过长而烧坏，此时应换芯片	① 检查电源滤波电容 C_9、C_{10}、C_{13}、C_{14} 是否漏焊、虚焊 ② 增大上述的电源滤波电容，可加至 4700μF ③ 耦合电容 C_5 采用小电容可减少噪声冲击 ④ NE5532、TDA2030A 非正货，先天质量差或因焊接时间过长而损坏，此时应换芯片	① "嗡"声或"突、突……"汽船声等低频自激可加大电源滤波电容 ② 低频自激可检查负反馈回路是否脱焊，或加大负反馈（减小负反馈电阻） ③ 尖声啸叫等高频自激可检查 C_{11}、C_{12}、C_{15}、C_{16} 是否断路或失效 ④ 高频自激也可检查 R_{10}、C_7 组成的所谓茹贝网络是否断路	本电路中的 TDA2030A 具有良好的抑制谐波失真、过渡失真等能力 ① 本机的失真多为饱和失真，其现象是小音量输出声音尚可，大功率输出时音质明显变差。原因是电源电压偏低造成饱或顶部削波失真。更换为高电压输出、大功率变压器可解决该问题 ② 瞬态失真，缺少了电流负反馈，检查 C_8 是否断路

（六）用 Proteus 软件仿真

① 打开软件 Proteus，选择合适的元器件，放入面板中；
② 根据电路原理图及芯片特点对元器件进行连线；
③ 仿真，如图 7-9 所示。

图 7-9　用 Proteus 软件仿真扩音机电路

（七）实训报告

① 分析上述电路的工作原理；
② 总结装配调试集成运算放大器电路组成的扩音机的实验方法；
③ 自拟写出实验报告；
④ 写出完成本实验的心得体会。

附 1：制作实物图片

附 2：实训元器件清单

运算放大器 NE5532	1 片
运算功率放大器 TDA2030A	1 片
二极管 IN4001	2 只
整流桥 5A	1 只
8 脚 IC 插座	1 只
三端稳压器 7810、7910	各 1 只
电解电容　2200μF/25V、1000μF/25V 10μF/25V	各 2 只
电解电容　47μF/25V、22μF/25V、1μF/25V	各 1 只
小电容 104（CBB 或安规电容）	5 只
小电容 224、560（独石电容）	各 1 只
1/4W 电阻：100kΩ/1 只、33kΩ/1 只、22kΩ/3 只、2kΩ/1 只、680Ω/1 只 1/2W 电阻：1Ω/1 只；2W 电阻：0.5Ω/1 只	共 9 只
可调电阻 0～50 kΩ	1 只
电位器 20kΩ/0.25W	1 只
接线端子 2 位、3 位	各 1 只
音频输入（2 插头、1 插座）	1 套
环氧万能板　约 10cm×12 cm	1 块
单支导线若干（规格ϕ0.3mm 左右）	0.5m
8Ω/20W 大功率电阻（调试时用作假负载）	共用
无源喇叭箱（8Ω，额定功率 10～15W）	共用
电源变压器（220V/12V×2、40W 以上）	共用

项目八
组合逻辑电路的设计

| 一、项目分析 |

在电子技术中，电路分为两类：模拟电路和数字电路。前面已经介绍过模拟电路的相关内容，从本章开始介绍数字电路。数字电路又分为两类：组合逻辑电路和时序逻辑电路。组合逻辑电路的特点是不具有记忆功能，即输出变量的状态只取决于该时刻输入变量的状态，与电路原来的输出状态无关。

项目内容

本项目将讨论数制、逻辑关系、逻辑门电路、一些典型的中规模集成组合逻辑电路，以及由逻辑门电路构成的组合逻辑电路的分析和设计方法。

知识点

① 各种进制数之间的相互转换；
② 逻辑代数的代数法化简和卡诺图化简法；
③ 常用组合逻辑部件及其应用；
④ 组合电路的分析及设计方法。

能力点

① 会对各种进制数进行相互转换；
② 能熟练使用逻辑代数的代数简化法和卡诺图简化法进行化简；
③ 能熟练运用组合逻辑部件实现相关功能（会用软件 Proteus 进行仿真）；
④ 会对组合电路进行分析及设计。

|二、相关知识|

数字电路以二进制逻辑代数为数学基础，使用二进制数字信号，既能进行算术运算又能方便地进行逻辑运算（与、或、非、判断、比较、处理等），它适合于运算、比较、存储、传输、控制、决策等，因此广泛地应用于电视、雷达、通信、电子计算机、自动控制、航天等科学技术的各个领域。

（一）数字电路概述

1. 模拟信号与数字信号

在自然界存在着许多物理量，它们在时间上和数值上是连续的，这类物理量称为模拟量。用来表示模拟量的信号称为模拟信号。模拟信号的典型特点是它具有无穷多的数值，其数学表达式比较复杂，如正弦函数、指数函数等。常见的正弦波、三角波、调幅波、阻尼振荡波等都是模拟信号。实际上，自然界的许多物理量均为模拟量，如速度、压力、温度、声音、重量、位置等。我们在这里所讲的模拟信号一般指模拟电信号。模拟信号的基本参数包括幅度、频率、周期等。

模拟信号和数字信号

在自然界存在许多物理量，它们在时间和数值上均是离散的，也就是说，它们的变化在时间上是不连续的，总是发生在一系列离散的瞬间。同时，它们的数值大小和每次的增减变化都是某一最小数量单位的整数倍，这类物理量称为数字量，用来表示数字量的信号称为数字信号。生活中常见的数字量有许多，如生产线上零件的计量、文章的字数等。数字信号的基本参数包括周期（或频率）、脉冲宽度、占空比等。数字信号分为周期性信号和非周期性信号两种。

2. 数字电路

工作在数字信号下的电路统称为数字电路。数字电路是以二进制数字逻辑为基础的，其中的工作信号是离散的数字信号。电路中的电子器件，如二极管、三极管（BJT）、场效应管（FET）处于开关状态，时而导通，时而截止。数字电路的信号是不连续变化的数字信号，所以在数字电路中工作的器件多数工作在开、关状态，即工作在饱和区和截止区，而放大区只是过渡状态。数字电路的主要研究对象是电路的输入和输出之间的逻辑关系，因而在数字电路中就不能采用模拟电路的分析方法。这里的主要分析工具是逻辑代数，表达电路的功能主要用真值表、逻辑表达式及波形图等。数字集成器件所用的材料以硅材料为主，在高速电路中，也使用化合物半导体材料，如砷化镓等。与模拟电路一样，数字电路经历了电子管、半导体分立器件、集成电路等几个阶段。TTL 逻辑门电路问世较早，其工艺经过不断改进，它已成为主要的基本逻辑器件之一。随着 MOS 工艺特别是 CMOS 工艺的发展，TTL 的主导地位有被 CMOS 器件所取代的趋势。近年来，可编程逻辑器件（PLD）特别是现场可编程门阵列（FPGA）的飞速进步，使数字电子技术开创了新局面，不仅规模大，而且可以将硬件与软件相结合，使器件的功能更加完善，使用也更加灵活。数字电路在日常生活中的应用很多，尤其是数字电路和计算机技术的发展，使数字电路的应用越来越普遍，它已经被广泛应用于工业、农业、通信、医疗、家用电子等各个领域，如工农业生产中用到的数控机床、家用冰箱、空调的温度控制、通信用的数字手机以及正在发展中的网络通信、数字化电视等。随着数字电路的发展，其应用将会越来越广泛，它将会深入到生活的每一个角落。按集成度来分，数字电路的分类如表 8-1 所示。所谓集成度是指每一芯片中所包含的晶体管的个数。

表 8-1　　　　　　　　　　　数字电路的分类

分　类	三极管的个数	典型集成电路
小规模	最多 10 个	逻辑门电路
中规模	10～100	计数器、加法器
大规模	100～1000	小型存储器、门阵列
超大规模	1000～10^6	大型存储器、微处理器
甚大规模	10^6 以上	可编程逻辑器件、多功能集成电路

（二）数制与编码

1．数制与数制转换

数字电路经常遇到计数问题，在日常生活中，人们习惯于用十进制，而在数字系统中，如计算机，多采用二进制，有时也采用八进制或十六进制。

（1）十进制。以 10 为基数的计数体制。任何一个数都可以由 0、1、2、3、4、5、6、7、8、9 十个数码按一定规律排列表示，其计数规律是"逢十进一"。每一数码处于不同的位置（数位）时，它所代表的数值不同，这个数值称为位权值。每个十进制数都可以用位权值表示，其中，个位的位权为 10^0、十位的位权为 10^1、百位的位权为 10^2，依此类推。

（2）二进制。以 2 为基数的计数体制。二进制与十进制的区别在于数码的个数和进位规律不同。二进制是用两个数码 0 和 1 来表示的，而且是"逢二进一"。

（3）八进制和十六进制。分别是以 8 和 16 为基数的计数体制。八进制有 0、1、2、3、4、5、6、7 共八个数码，"逢八进一"；十六进制采用十六个数码 0、1、2、3、4、5、6、7、8、9、A（10）、B（11）、C（12）、D（13）、E（14）、F（15），"逢十六进一"。

（4）数制之间的转换

① R 进制→十进制

人们习惯于十进制数，若将 R 进制数转化为等值的十进制数，只要将 R 进制数按位权展开，再按十进制运算即可得到十进制数，即按照幂级数展开。

例 8.1　将二进制数（11011.101）$_2$ 转换成十进制数。

解：$(11011.101)_2 = 1×2^4 + 1×2^3 + 0×2^2 + 1×2^1 + 1×2^0 + 1×2^{-1} + 0×2^{-2} + 1×2^{-3}$
$$= 16 + 8 + 0 + 2 + 1 + 0.5 + 0 + 0.125 = (27.625)_{10}$$

例 8.2　将八进制数（136.524）$_8$ 转换成十进制数。

解：$(136.524)_8 = 1×8^2 + 3×8^1 + 6×8^0 + 5×8^{-1} + 2×8^{-2} + 4×8^{-3}$
$$= 64 + 24 + 6 + 0.625 + 0.03125 + 0.0078125 = (94.6640625)_{10}$$

8.3 将十六进制数（13DF.B8）$_{16}$转换成十进制数。

解：（13DF.B8）$_{16}$ = $1 \times 16^3 + 3 \times 16^2 + 13 \times 16^1 + 15 \times 16^0 + 11 \times 16^{-1} + 8 \times 16^{-2}$

$\qquad\qquad\qquad$ = $4096 + 768 + 208 + 15 + 0.6875 + 0.03125$ = （5087.71875）$_{10}$

② 十进制→R进制

将十进制数转换为R进制数，需将十进制数的整数部分和小数部分分别进行转换，然后将它们合并起来。

整数部分：十进制整数转换成R进制数，采用"逐次除以基数R取余数"的方法，步骤如下：

（a）将给定的十进制整数除以R，余数作为R进制的最低位；

（b）把前一步的商再除以R，余数作为次低位；

（c）重复（b）步骤，记下余数，直至最后商为零，最后的余数即为R进制的最高位。

小数部分：十进制纯小数转换成R进制数，采用"小数部分乘以R取整"的方法，步骤如下：

（a）将给定的十进制纯小数乘以R，乘积的整数部分作为R进制小数部分的最高位；

（b）把第一步乘积的小数部分继续乘以R，乘积的整数部分作为R进制小数部分的次高位；

（c）重复步骤（b），直到乘积的小数部分为0或达到一定的精度。

例 8.4 把十进制数$(25)_{10}$转换成二进制数。

解： 由于二进制基数为2，所以逐次除以2取其余数（0或1），

$(25)_{10}=(11001)_2$

$$
\begin{array}{r|l}
2 & 25 \quad \cdots\cdots\cdots 余\ 1 \\
2 & 12 \quad \cdots\cdots\cdots 余\ 0 \\
2 & 6 \quad \cdots\cdots\cdots 余\ 0 \\
2 & 3 \quad \cdots\cdots\cdots 余\ 1 \\
2 & 0 \quad \cdots\cdots\cdots 余\ 1 \\
& 0
\end{array}
$$

例 8.5 将十进制数$(25)_{10}$转换成八进制数。

解： 由于基数为8，所以逐次除以8取余数，

$(25)_{10}=(31)_8$

$$
\begin{array}{r|l}
8 & 25 \\
8 & 3 \quad \cdots\cdots\cdots 余\ 1 \\
& 0 \quad \cdots\cdots\cdots 余\ 3
\end{array}
$$

例 8.6 将十进制小数$(0.375)_{10}$转换成二进制数。

解： 小数部分乘以2取整数，

$\qquad (0.375)_{10}=(0.011)_2$

$$0.375$$
$$\times \quad 2$$
$$[0].\ 750 \qquad b_{-1}=0$$
$$\qquad\quad 2$$
$$[1].\ 500 \qquad b_{-2}=1$$
$$\qquad\quad 2$$
$$[1].\ 000 \qquad b_{-3}=1$$

把一个带有整数和小数的十进制数转换成 R 进制数时需将整数部分和小数部分分别进行转换，然后将结果合并起来，例如，将十进制数 $(25.375)_{10}$ 转换成二进制数，其结果为 $(11001.011)_2$。

③ 模为 2^n 的不同进制数之间的转换

由于 3 位二进制数构成 1 位八进制数码，4 位二进制数构成 1 位十六进制数码，故模为 2^m 和 2^n 的不同进制数之间的转换可将 2^m 进制数转换成二进制数，再将二进制数转换成 2^n 进制数。

2^m 进制转换为二进制，只需将 2^m 进制的数码转换为对应的二进制数即可。

二进制转换为 2^n 进制时，对于整数部分，从低位向高位每 n 位二进制转换成对应的 2^n 进制数码，如位数不够，可在前面补零；对于小数部分，从高位向低位，每 n 位二进制转换为对应的 2^n 进制数码，如果位数不够，可在后面补零。

例 8.7 把二进制数 $(110100.001000101)_2$ 转换为八进制数。

解：二进制数　　110　100　001　000　101

八进制数　　6　　4　　1　　0　　5

所以　（110100.001000101）$_2$=(64.105)$_8$

例 8.8 把二进制数 $(110100.001000101)_2$ 转换为十六进制数。

二进制数　　11　0100　0010　0010　1000

十六进制数　3　　4　　2　　2　　8

所以　(110100.001000101)$_2$=(34.228)$_{16}$

2．编码

数字系统中的信息可分为两类：一类是数值，另一类是文字符号（包括控制符）。为了表示文字符号信息，往往也采用一定位数的二进制码表示，这个特定的二进制码称为代码。建立代码与十进制数、字母、符号的一一对应关系的方法称为编码。

（1）常用代码

数字系统中，常用的代码多种多样，最常见的是用二进制来表示十进制的二—十进制码，简称 BCD 码。在这种编码中，用 4 位二进制数 $b_3b_2b_1b_0$ 表示十进制数中的 0～9 十个数码，4 位二进制序列共有 16 种，组合用来表示十进制的数码可以有多种方法，表 8-2 中列出了常用的几种代码。

（2）信息的代码表示

人们的日常生活每时每刻都离不开信息，信息的传播是人类社会交流的基础。信息传播有各种途径，人们讲话可以靠空气、固体电缆等传播，广播、电视通过无线电波传播，那么计算机的信息是靠什么来传播的呢？它有网络电缆、固体磁盘和无线电波 3 种途径，无论哪种途径，都必须经过编码，即用固定的代码代表特定的信息，因为计算机能够识别的只有二进制的 0 和 1，这样的例子有很多，例如，键盘上的每个英文字符都可以用特定的 ASCⅡ码表示，每个汉字都可以用国际码表示，这些都是固定的。但是，对模拟信号而言，由于信号的连续性，无法直接用代码表示，必须经模/数转换，用一组代码表示固定信息。

表 8-2　　　　　　　　　　　　　　几种常用的代码

$b_3b_2b_1b_02^32^22^12^0$	代码对应的十进制数			
	自然十进制码	二—十进制码		
		8421 码	2421 码（B 码）	余 3 码
0000	0	0	0	
0001	1	1	1	
0011	3	3	3	0
0100	4	4	4	1
0101	5	5		2
0110	6	6		3
0111	7	7		4
1001	9	9		6
1010	10			7
1011	11		5	8
1100	12		6	9
1101	13		7	
1110	14		8	
1111	15		9	

（三）逻辑代数

逻辑代数亦称为布尔代数，其基本思想是英国数学家布尔（G.Boole）于 1854 年提出的。1938 年，香农把逻辑代数用于开关和继电器网络的分析、化简，率先将逻辑代数用于解决实际问题。由于逻辑代数可以使用二值函数进行逻辑运算，一些用语言描述显得十分复杂的逻辑命题，使用数学语言后，就变成了简单的代数式。逻辑代数有一系列的定律和规则，用它们对逻辑表达式进行处理，可以完成对电路的化简、变换、分析和设计。

1. 基本逻辑关系

（1）与运算

语句描述：只有当一件事情的几个条件全部具备之后，这件事情才会发生，这种关系称为与运算。逻辑表达式为 L=A·B，式中小圆点"·"表示 A、B 的与运算，又称逻辑乘。

真值表：真值表的左边列出了所有变量的全部取值组合，右边列出的是对应于 A、B 变量的每种取值组合的输出，如图 8-1 所示。

逻辑符号：与运算的逻辑符号如图 8-2 所示，其中 A、B 为输入，L 为输出。

与运算的逻辑关系

A	B	L=A·B
0	0	0
0	1	0
1	0	0
1	1	1

图 8-1　与逻辑真值表

图 8-2　与逻辑符号

（2）或运算

语句描述：当一件事情的几个条件中只要有一个条件满足，这件事就会发生，这种关系称为或运算。逻辑表达式为 $L = A + B$，式中符号"+"表示 A、B 或运算，又称逻辑加。

或运算的逻辑关系

真值表：同与运算一样，用 0、1 表示的或逻辑真值表如图 8-3 所示。

逻辑符号：或运算的逻辑符号如图 8-4 所示，其中 A、B 表示输入，L 表示输出。

A	B	L=A+B
0	0	0
0	1	0
1	0	1
1	1	1

图 8-3　或逻辑真值表

图 8-4　或逻辑符号

（3）非运算

语句描述：一件事情的发生是以其相反的条件为依据的，这种逻辑关系称为非运算。逻辑表达式为 $L = \overline{A}$，式中字母 A 上方的短划线"—"表示非运算。

非运算的逻辑关系

真值表：如图 8-5 所示，L 与 A 总是处于对立的逻辑状态。逻辑符号如图 8-6 所示。

与、或逻辑运算都可以推广到多变量的情况：$L = A \cdot B \cdot C \cdots$，$L = A + B + C \cdots$

A	L=A
0	1
1	0

图 8-5　非逻辑真值表

图 8-6　非逻辑符号

其他逻辑运算可用上述 3 种基本逻辑运算组合而成。表 8-3 列出了几种基本的逻辑运算函数式及其相应的逻辑门电路的代表符号，以便于比较和应用。

表 8-3   几种常见的逻辑运算

逻辑变量 A	B	与运算 L=A·B	或运算 L=A+B	非运算 L=$\overline{A}$	与非运算 L=$\overline{A\cdot B}$	或非运算 L=$\overline{A+B}$	异或运算 L=$\overline{A}B+A\overline{B}$
0	0	0	0	1	1	1	0
0	1	0	1	1	1	0	1
1	0	0	1	0	1	0	1
1	1	1	1	0	0	0	0

2．逻辑运算定理

（1）逻辑运算定理

常用逻辑运算定理如表 8-4 所示。

表 8-4   常用逻辑运算定理

逻辑运算定理	原 等 式	对 偶 式
交换律	$A\cdot B = B\cdot A$	$A+B = B+A$
结合律	$A(BC) = (AB)C$	$A+(B+C) = (A+B)+C$
分配律	$A(B+C) = AB+AC$	$A+BC = (A+B)(A+C)$
自等律	$A\cdot 1 = A$	$A+0 = A$
0-1 律	$A\cdot 0 = 0$	$A+1 = 1$
互补律	$A\cdot\overline{A} = 0$	$A+\overline{A} = 1$
重叠律	$A\cdot A = A$	$A+A = A$
吸收律	$A+AB = A$	$A\cdot(A+B) = A$
非非律	\multicolumn{2}{c}{$\overline{\overline{A}} = A$}	
反演律（摩根定律）	$\overline{AB} = \overline{A}+\overline{B}$	$\overline{A+B} = \overline{A}\cdot\overline{B}$

（2）常用逻辑运算公式

常用逻辑运算公式如表 8-5 所示

表 8-5   常用逻辑运算公式

项 目	常 用 公 式	推论与证明
1	$AB+A\overline{B} = A$	无
2	$A+AB = A$	$A+AB+ABC+\cdots = A$
3	$A+\overline{A}B = A+B$	$A+AB = A+AB+AB = A+B$
4	$AB+\overline{A}C+BC = AB+\overline{A}C$	$AB+\overline{A}C+BC = AB+\overline{A}C+(A+\overline{A})CB$ $= AB+\overline{A}C+ABC+\overline{A}BC = AB+\overline{A}C$
5	$A+BC = (A+C)(A+B)$	$(A+C)(A+B) = AB+AC+BC+AA = A+BC$

注：公式 1、2 为吸收律和分配律的应用，公式 3 为多余因子定律，公式 4 为多余项定律，公式 5 为与或和或与转换定律。

（3）逻辑代数的三个基本规则

① 代入规则。若两个逻辑函数相等，即 F = G，且 F 和 G 中都存在变量 A，如果将所有出现变量 A 的地方都用一个逻辑函数 L 代替，则等

其他逻辑运算

式仍然成立。

② 反演规则。设 L 是一个逻辑函数表达式，如果将 L 中所有的"·"
（注意，在逻辑表达式中，不致混淆的地方，"·"常被忽略）换为"＋"，
所有的"＋"换为"·"；所有的常量 0 换为常量 1，所有的常量 1 换
为常量 0；所有的原变量换为反变量，所有的反变量换为原变量，这样

反演律

将得到一个新的逻辑函数，这个新的逻辑函数就是原函数 L 的反函数，或称为补函数，记
作 $\bar{L}$。

③ 对偶规则。设 L 是一个逻辑表达式，如果将 L 中的"·""＋"互换；所有的"0""1"
互换，那么就得到一个新的逻辑函数式，称为 L 的对偶式，记作 L′。

3. 逻辑函数的化简

（1）逻辑函数的代数法化简

一个逻辑函数可以有多种不同的逻辑表达式，如与—或表达式、或—与表达式、与
非—与非表达式、或非—或非表达式以及与—或—非表达式等。以下将着重讨论与—或
表达式的化简，因为与或表达式容易从真值表直接写出，且只需运用一次摩根定律就可以
从最简与或表达式变换为与非与非表达式，从而可以用与非门电路来实现。最简与或表达
式有两个特点：一个是与项（即乘积项）的个数最少，另一个是每个乘积项中变量的个数
最少。

逻辑函数代数法化简的依据就是逻辑运算的公理、定理和经过证明的常用公式，常用的
方法有并项法、吸收法、消去法和配项法。用代数法对逻辑表达式进行化简，不是孤立使用
一种方法就能完成的，而要综合使用多种方法。

例 8.9 化简 $L=AD+A\bar{D}+AB+\bar{A}C+BD+A\bar{B}EF+\bar{B}EF$

解： $L=A+AB+\bar{A}C+BD+A\bar{B}EF+\bar{B}EF$ （利用 $A+\bar{A}=1$ ）

$\qquad =A+\bar{A}C+BD+\bar{B}EF$ （利用 $A+AB=A$ ）

$\qquad =A+C+BD+\bar{B}EF$ （利用 $A+\bar{A}+\bar{A}B=A+B$ ）

（2）逻辑函数的卡诺图简化法

① 最小项表达式

根据逻辑函数的概念，一个逻辑函数的表达式不是唯一的，我们将有如下特点的表达式
称为最小项：

（a）表达式中每个乘积项都包含了全部输入变量；

（b）表达式中每个乘积项中的输入变量可以是原变量，也可以是反变量；

（c）表达式中同一输入变量的原变量和反变量不同时出现在同一乘积项中。

为简化表示，通常每个变量取值组合用一个号码表示，通常用 m 表示最小项，用二进制
数所对应的十进制数作为 m 的下标。

如 $A\bar{B}\bar{C}=100$，记作 m_4；$\qquad A\bar{B}CD=1011$，记作 m_{11}，

那么 $F=ABC+AB\bar{C}+A\bar{B}\bar{C}+\bar{A}B\bar{C}$ 就可以简写成 $F(A，B，C)=m_7+m_6+m_4+m_2$，或者 $F(A，B，C)=\sum m(2，4，6，7)$。

利用逻辑代数的基本公式，可以把任一个逻辑函数转化成一组最小项之和的表达式，这
种表达式即称为最小项表达式。任一个逻辑函数都可以转化成唯一的最小项表达式。

② 卡诺图化简法

利用代数法可使逻辑函数变成较简单的形式，但这种方法要求熟练掌握逻辑代数的基本定律，而且需要一些技巧，特别是经代数法化简后得到的逻辑表达式是否是最简式较难掌握，这就给使用逻辑函数带来一定的困难，使用卡诺图法可以比较简便地得到最简的逻辑表达式。

逻辑函数的卡诺图表示

根据逻辑函数的最小项表达式，可以得到相应的卡诺图。图 8-7 所示为填入最小项的卡诺图，在图 8-8 中，用 0、1 分别表示反变量和原变量，变量 A、B、C、D 的每种取值组合与方格内的最小项一一对应，如 0000 对应于 $\overline{A}\,\overline{B}\,\overline{C}\,\overline{D}$，1111 对应于 ABCD，以此类推。这样，只要标出方格外纵、横两向的二元常量，就可由二进制码推出相应的最小项的编号。

图 8-7　非逻辑真值表　　　　　　　图 8-8　非逻辑真值表

卡诺图具有循环邻接的特性，若图中两个相邻的方格均为 1，则用两个相邻最小项的和表示可以消去一个变量。若卡诺图中 4 个相邻的方格为 1，则这 4 个相邻的最小项的和将消去两个变量，这样反复应用 $A+\overline{A}=1$ 的关系，就可使逻辑表达式得到简化。这就是利用卡诺图法化简逻辑函数的基本原理。

用卡诺图化简逻辑函数的步骤：

（a）将逻辑函数写成最小项表达式；

（b）按最小项表达式填卡诺图，凡是式中包含了的最小项其对应方格填 1，其余方格填 0；

（c）合并最小项，即将相邻的 1 方格圈成一组（包围圈，每一组含 2^n 个方格），对应每个包围圈写成一个乘积项。

（d）将所有包围圈所对应的乘积项相加。

画包围圈时应遵循的原则：

（a）包围圈内的方格数必定是 2^n 个，n 等于 0、1、2、3、…

（b）相邻方格包括上下底相邻，左右边相邻和四角相邻；

（c）同一方格可以被不同的包围圈重复包围，但新增包围圈中一定要有新的 1 方格，否则该包围圈多余；

（d）包围圈内的 1 方格数要尽可能多，即包围圈应尽可能大。

化简后，一个包围圈对应一个与项（乘积项），包围圈越大，所得乘积项中的变量越少。实际上，如果做到了使每个包围圈尽可能大，包围圈个数也就会尽可能少，这样得到的函数表达式中乘积项的个数最少，就可以获得最简的逻辑函数表达式。

例 8.10　一个逻辑电路的输入是 4 个逻辑变量 A、B、C、D，它的真值如表 8-6 所示，用卡诺图法求化简的与或表达式及与非-与非表达式。

表 8-6　　　　　　　　　　　　　　例 8.10 的真值表

输　　入										输　　出			
D_9	D_8	D_7	D_6	D_5	D_4	D_3	D_2	D_1	D_0	D	C	B	A
0	0	0	0	0	0	0	0	0	1	0	0	0	0
0	0	0	0	0	0	0	0	1	0	0	0	0	1
0	0	0	0	0	0	0	1	0	0	0	0	1	0
0	0	0	0	0	0	1	0	0	0	0	1	0	1
0	0	0	0	0	1	0	0	0	0	0	1	0	0
0	0	0	0	1	0	0	0	0	0	0	1	1	1
0	0	0	1	0	0	0	0	0	0	0	1	1	0
0	0	1	0	0	0	0	0	0	0	0	1	1	1
0	1	0	0	0	0	0	0	0	0	1	0	0	0
1	0	0	0	0	0	0	0	0	0	1	0	0	1

解：（1）由真值表画出卡诺图，如图 8-9 所示。

图 8-9　例 8.10 的卡诺图

（2）画包围圈合并最小项，得化简的与或表达式。

$$L = L = \overline{C}\,\overline{D} + A\overline{B}\,\overline{D} + A\overline{B}\,\overline{D} + ABCD$$

（3）求与非-与非表达式，二次求非

$$L = \overline{\overline{\overline{C}\overline{D} + \overline{AB}\overline{D} + \overline{AB}\overline{C} + ABCD}}$$

然后利用摩根定律得

$$L = \overline{\overline{\overline{C}\overline{D}} \cdot \overline{\overline{AB}\overline{D}} \cdot \overline{\overline{AB}\overline{C}} \cdot \overline{ABCD}}$$

利用卡诺图表示逻辑函数式时，如果卡诺图中的各小方格被 1 占去了大部分，虽然可用包围 1 的方法进行化简，但由于要重复利用 1 项，往往显得零乱而易出错。这时可以采用包围 0 方格的方法进行化简，求出反函数 $\overline{L}$，再对 $\overline{L}$ 求非，其结果相同，这种方法更简单。

二极管与门电路

（四）逻辑门电路

1．基本逻辑门电路

（1）二极管与门电路

图 8-10（a）所示为由半导体二极管组成的与门电路，图 8-10（b）所示为它的逻辑符号。

图 8-10　二极管与门

与门表达式为 $L=\overline{A \cdot B \cdot C}$

（2）二极管或门电路

图 8-11（a）所示为由二极管组成的或门电路，图 8-11（b）所示为它的逻辑符号。

或成门表达式为 $L=A+B+C$。

二极管或门电路

图 8-11　二极管或门

（3）TTL 与非门电路

图 8-12 所示为采用多发射极 BJT 作 3 输入端 TTL 与非门的输入器件。此非门由三部分构成：

① 输入级：它由多发射极晶体管 VT_1 和基极电阻 R_1 组成，它实现了输入变量 A、B、C 的与运算。

② 中间级：中间级由 VT_2、R_2 和 R_3 组成，是一个倒相器，从 VT_2 的集电极 C_2 和发射极 E_2 上可以分别获得两个相位相反的电压信号，供输出级使用。

③ 输出级：它由 VT_3、VT_5 和电阻 R_4、R_5 组成，当任一输入端为低电平时，VT_1 的发射结将正向偏置而导通，VT_2 将截止，导致输出为高电平；只有当全部输入端为高电平时，VT_1 将转入倒置放大状态，VT_2 和 VT_3 均饱和，输出为低电平。

$$F=\overline{ABC}$$

TTL 与非门电路

TTL 门与非门的应用

2．CMOS 逻辑门电路

（1）CMOS 反相器（非门）

图 8-13 所示为 CMOS 反相器电路，由两种增强型 MOSFET 组成，其中一个为 N 沟道，另一个为 P 沟道。为了保证电路能正常工作，要求电源电压 $U_{DD}>(U_{TN}+|U_{TP}|)$。

CMOS 非门

（2）CMOS 与非门电路

图 8-14 所示为二输入端 CMOS 与非门电路。其中包括两个串联的 N 沟道增强型 MOS

管和两个并联的 P 沟道增强型 MOS 管。每个输入端连到一个 N 沟道和一个 P 沟道 MOS 管的栅极。当输入端 A、B 中只要有一个为低电平时，就会使与它相连的 NMOS 管截止，使与它相连的 PMOS 管导通，输出为高电平；仅当 A、B 全为高电平时，才会使两个串联的 NMOS 管都导通，使两个并联的 PMOS 管都截止，输出为低电平。

图 8-12　TTL 与非门　　　　　　　　图 8-13　CMOS 反相器

因此，这种电路具有与非的逻辑功能，其逻辑表达式为

$L=\overline{A \cdot B}$。显然，n 个输入端的与非门必须有 n 个 NMOS 管串联和 n 个 PMOS 管并联。

（3）或非门电路

图 8-15 所示为 2 输入端 CMOS 或非门电路，包括两个并联的 N 沟道增强型 MOS 管和两个串联的 P 沟道增强型 MOS 管。当输入端 A、B 中只要有一个为高电平时，就会使与它相连的 NMOS 管导通，与它相连的 PMOS 管截止，输出为低电平；仅当 A、B 全为低电平时，两个并联的 NMOS 管都截止，两个串联的 PMOS 管都导通，输出为高电平。因此，这种电路具有或非的逻辑功能，其逻辑表达式为 $L=\overline{A+B}$，显然，n 个输入端的或非门必须有 n 个 NMOS 管并联和 n 个 PMOS 管串联。

图 8-14　CMOS 与非门　　　　　　　图 8-15　CMOS 或非门

（五）组合逻辑电路的分析与设计

1. 组合逻辑电路的分析方法

（1）组合逻辑电路的特点

组合逻辑电路任意时刻的输出状态，只决定于该时刻输入信号的状态，而与输入信号作

用前电路原来的状态无关。组合逻辑电路全部由门电路组成，电路中不含记忆单元，由输出到输入没有任何反馈线。图 8-16 所示为组合逻辑电路的一般框图。

（2）组合逻辑电路的分析

这里所说的分析，指的是逻辑分析，即分析已给定逻辑电路的逻辑功能，找出输出逻辑函数与逻辑变量之间的逻辑关系。根据给定的逻辑电路图，经过分析确定电路能完成的逻辑功能。有时分析的目的在于检验新设计的逻辑电路是否实现了预定的逻辑功能。组合逻辑电路的分析步骤大致如下：

① 由逻辑图写出各输出端的逻辑表达式；

② 化简和变换各逻辑表达式；

③ 列出真值表；

④ 根据真值表和逻辑表达式对逻辑电路进行分析，最后确定其功能。

例 8.11　已知逻辑电路如图 8-17 所示，分析该电路的功能。

图 8-16　组合逻辑电路框图　　　　图 8-17　例 8.11 的逻辑图

解：

（1）根据逻辑电路写出输出函数的逻辑表达式为

$$L=A \oplus B \oplus C =（A \oplus B）\oplus C$$

（2）写真值表。将输入变量 A、B、C 的 8 种可能的组合全部列出，为了方便起见，表中增加中间变量 $A \oplus B$。根据每一组变量取值的情况和上述表达式，分别确定 $A \oplus B$ 的值和 L 值，填入表中，如表 8-7 所示。

表 8-7　　　　　　　　　　　　　例 8.11 的真值表

A	B	C	$A \oplus B$	$L=A \oplus B \oplus C$
0	0	0	0	0
0	0	1	0	1
0	1	0	1	1
0	1	1	1	0
1	0	0	1	1
1	0	1	1	0
1	1	0	0	0
1	1	1	0	1

（3）分析真值表后可知，当 A、B、C 这 3 个输入变量中取值有奇数个 1 时，L 为 1，否则 L 为 0。可见该电路可用于检查 3 位二进制码的奇偶性，由于它在输入的二进制码中含有奇数个 1 时，输出有效信号，因此称为奇校验电路。

2．组合逻辑电路的设计

组合逻辑电路的设计，通常以电路简单、器件最少为目标。在设计中普遍采用中、小规模集成电路（一片包括数个门至数十个门）产品，根据具体情况，尽可能减少所用的器件数目和种类，使组装好的电路结构紧凑，以达到工作可靠、经济的目的。采用小规模集成器件设计组合逻辑电路的一般步骤如图 8-18 所示。

图 8-18　组合逻辑电路的设计步骤

必须说明的是，有时由于输入变量的条件（如只有原变量输入，没有反变量输入）或采取器件的条件（如在一块集成器件中包含多个基本门）等因素，采用最简与或式实现的电路，不一定是最佳电路结构。

例 8.12　试用 2 输入与非门和反相器设计一个 3 输入（I_0、I_1、I_2）、3 输出（L_0、L_1、L_2）的信号排队电路。它的功能是当输入 I_0 为 1 时，无论 I_1 和 I_2 为 1 还是 0，输出 L_0 为 1，L_1 和 L_2 为 0；当 I_0 为 0 且 I_1 为 1 时，无论 I_2 为 1 还是 0，输出 L_1 为 1，其余两个输出为 0；当 I_2 为 1 且 I_0 和 I_1 均为 0 时，输出 L_2 为 1，其余两个输出为 0；如 I_0、I_1、I_2 均为 0，则 L_0、L_1、L_2 也均为 0。

解：（1）根据题意列出真值表，如表 8-8 所示。

表 8-8　　　　　　　　　　　　　　　　例 8.12 的真值表

输　　　　入	输　　　　出
$I_1\ I_2\ I_3$	$L_0\ L_1\ L_2$
0　0　0	0　0　0
1　0　0	1　0　0
1　0　1	1　0　0
1　1　0	1　0　0
1　1　1	1　0　0
0　1　0	0　1　0
0　1　1	0　1　0
0　0　1	0　0　1

（2）根据真值表写出各输出表达式。

（3）根据要求将输出表达式变换为与非形式，并由此画出逻辑图。

由此可画出逻辑图，如图 8-19 所示。该逻辑电路可用一片内含 4 个 2 输入端的与非门和另一片内含 6 个反相器的集成电路组成；也可用两片内含 4 个 2 输入端与非门的集成电路组成。原逻辑表达式虽然是最简形式，但它需一片反相器和一片 3 输入端的与门才能实现，器材数和种类都不能节省。由此可见，最简的逻辑表达式用一定规格的集成器件实现时，其电路结构不一定是最简单和最经济的。设计逻辑电路时应以集成器件为基本单元，而不应以单个门为单元，这是工程设计与理论分析的不同之处。

图 8-19　例 8.12 的逻辑图

3．编码器

（1）编码器的定义与功能

在数字系统里，常常需要将某一信息（输入）变换为某一特定的代码（输出）。将二进制码按一定的规律编排，如 8421 码、格雷码等，使每组代码具有特定含义（代表某个数字或控制信号）的过程称为编码。具有编码功能的逻辑电路称为编码器，如图 8-20 所示。

编码器有若干个输入，在某一时刻只有一个输入信号被转换成为二进制码。如果一个编码器有 n 个输入端和 m 个输出端，则输出端与输入端之间应满足关系 $n \leqslant 2^m$。例如，8 线-3 线编码器有 8 输入、3 位二进制码输出，10 线-4 线编码器有 10 输入、4 位二进制码输出。

（2）几种常用编码器的电路及应用

① 8 线-3 线二进制编码器

将 8 个高低电平信号编成 3 位二进制数的电路，框图如图 8-21 所示。

图 8-20　编码器电路的一般框图

图 8-21　8 线-3 线二进制编码器的框图

特点：

（a）输入高电平有效；

（b）$D_0 \sim D_7$ 这八个编码信号是互相排斥的，即 $D_0 \sim D_7$ 不允许有两个或两个以上同为 1；

（c）$D_0 \sim D_7$ 全为 0 时，输出 CBA 为 000，即 D_0 的编码。

真值表如表 8-9 所示。

表 8-9 　　　　　　　　　8 线-3 线二进制编码器电路的真值表

D_7	D_6	D_5	D_4	D_3	D_2	D_1	D_0	C	B	A
0	0	0	0	0	0	0	1	0	0	0
0	0	0	0	0	0	1	0	0	0	1
0	0	0	0	0	1	0	0	0	1	0
0	0	0	0	1	0	0	0	0	1	1
0	0	0	1	0	0	0	0	1	0	0
0	0	1	0	0	0	0	0	1	0	1
0	1	0	0	0	0	0	0	1	1	0
1	0	0	0	0	0	0	0	1	1	1

表达式为

$$C=D_4+D_5+D_6+D_7, \quad B=D_2+D_3+D_6+D_7, \quad A=D_1+D_3+D_5+D_7$$

即 $C=\overline{\overline{D_4}\cdot\overline{D_5}\cdot\overline{D_6}\cdot\overline{D_7}}$ ，$B=\overline{\overline{D_2}\cdot\overline{D_3}\cdot\overline{D_6}\cdot\overline{D_7}}$ ，$A=\overline{\overline{D_1}\cdot\overline{D_3}\cdot\overline{D_5}\cdot\overline{D_7}}$

键控 8421BCD 码
编码器

② 8421BCD 编码器

将 0~9 这 10 个数转换成二进制代码的电路，框图如图 8-22 所示。真值表如表 8-10 所示。

图 8-22 8421BCD 编码器电路的一般框图

表 8-10 　　　　　　　　　8 线-3 线二进制编码器电路的真值表

D_9	D_8	D_7	D_6	D_5	D_4	D_3	D_2	D_1	D_0	D	C	B	A
0	0	0	0	0	0	0	0	0	1	0	0	0	0
0	0	0	0	0	0	0	0	1	0	0	0	0	1
0	0	0	0	0	0	0	1	0	0	0	0	1	0
0	0	0	0	0	0	1	0	0	0	0	0	1	1
0	0	0	0	0	1	0	0	0	0	0	1	0	0
0	0	0	0	1	0	0	0	0	0	0	1	0	1
0	0	0	1	0	0	0	0	0	0	0	1	1	0
0	0	1	0	0	0	0	0	0	0	0	1	1	1
0	1	0	0	0	0	0	0	0	0	1	0	0	0
1	0	0	0	0	0	0	0	0	0	1	0	0	1

表达式为：

$$D=D_8+D_9, \quad C=D_4+D_5+D_6+D_7, \quad B=D_2+D_3+D_6+D_7, \quad A=D_1+D_3+D_5+D_7+D_9$$

即 $D=\overline{\overline{D_8}\cdot\overline{D_9}}$ ，$C=\overline{\overline{D_4}\cdot\overline{D_5}\cdot\overline{D_6}\cdot\overline{D_7}}$ ，$B=\overline{\overline{D_2}\cdot\overline{D_3}\cdot\overline{D_6}\cdot\overline{D_7}}$ ，$A=\overline{\overline{D_1}\cdot\overline{D_3}\cdot\overline{D_5}\cdot\overline{D_7}\cdot\overline{D_9}}$

　　由真值表可以看出：当编码器某一个输入信号为 1 而其他输入信号都为 0 时，有一组对应的数码输出，如 $D_8=1$ 时，DCBA=1000，输出数码各位的权从高位分别为 8、4、2、1，因此，称为 8421BCD 编码器。从表 8-10 所示还可以看出，该编码器的 D_0~D_9 这 10 个编码也是相互排斥的。

③ 8-3 二进制优先编码器 74148 功能表如表 8-11 所示。

优先编码器

表 8-11　　　　　二进制优先编码器 74148 功能表

E_r	I_n	I_1	I_2	I_3	I_4	I_5	I_6	I_7	A_2	A_1	A_n	S	E_n
1	×	×	×	×	×	×	×	×	1	1	1	1	1
0	1	1	1	1	1	1	1	1	1	1	1	1	0
0	×	×	×	×	×	×	×	0	0	0	0	0	1
0	×	×	×	×	×	×	0	1	0	0	1	0	1
0	×	×	×	×	×	0	1	1	0	1	0	0	1
0	×	×	×	×	0	1	1	1	0	1	1	0	1
0	×	×	×	0	1	1	1	1	1	0	0	0	1
0	×	×	0	1	1	1	1	1	1	0	1	0	1
0	×	0	1	1	1	1	1	1	1	1	0	0	1
0	0	1	1	1	1	1	1	1	1	1	1	0	1

电路的特点如下。

允许输入数个编码信号，而电路只对其中何先级别最高的信号进行编码，而不会对级别低的信号编码，这样的电路广泛用于计算机或数字系统中实现优先权管理（如中断等）。优先编码器 74148 的符号及引脚排列如图 8-23 所示。

二进制译码器

④ 编码器的扩展应用

用两片"8～3"优先编码器组成的"16～4"优先编码器如图 8-24 所示。

图 8-23　74148 的符号及引脚

图 8-24　优先编码器 74148 扩展应用

4. 译码器

（1）译码器的定义及功能

译码是编码的逆过程，它的功能是将具有特定含义的二进制码进行辨别，并转换成控制信号，具有译码功能的逻辑电路称为译码器。

集成译码器 74138

译码器可分为两种类型：一种是将一系列代码转换成与之相对应的有效信号，这种译码器可称为唯一地址译码器，它常用于计算机中对存储单元地址的译码，即将每一个地址代码转换成一个有效信号，从而选中对应的单元；另一种是将一种代码转换成另一种代码，所以也称为代码变换器。图 8-25 所示为二进制译码器的一般原理图，它具有 n 个输入端，2^n 个输出端和 1 个使能输入端。在使能输入端为有效电平时，对应每一组输入代码，只有其中 1 个输出端为有效电平，其余输出端则为非有效电平。

（2）集成 3 线-8 线二进制译码器 74138

① 74138 集成译码器的符号与引脚排列如图 8-26 所示。

图 8-25　二进制译码器一般原理图　　　　　图 8-26　74138 的符号与引脚排列

② 74138 集成译码器的功能表如表 8-12 所示。

表 8-12　　　　　　　　　　　　74138 集成译码器的功能表

输 入						输 出							
G_1	G_{2A}	G_{2B}	C	B	A	Y_0	Y_1	Y_2	Y_3	Y_4	Y_5	Y_6	Y_7
×	H	×	×	×	×	H	H	H	H	H	H	H	H
×	×	H	×	×	×	H	H	H	H	H	H	H	H
L	×	×	×	×	×	H	H	H	H	H	H	H	H
H	L	L	L	L	L	L	H	H	H	H	H	H	H
H	L	L	L	L	H	H	L	H	H	H	H	H	H
H	L	L	L	H	L	H	H	L	H	H	H	H	H
H	L	L	L	H	H	H	H	H	L	H	H	H	H
H	L	L	H	L	L	H	H	H	H	L	H	H	H
H	L	L	H	L	H	H	H	H	H	H	L	H	H
H	L	L	H	H	L	H	H	H	H	H	H	L	H
H	L	L	H	H	H	H	H	H	H	H	H	H	L

③ 功能分析：输出低电平有效；设置了 3 个输入控制端：G_1、G_{2A}、G_{2B}，其中使能信号 G_1 高电平有效；G_{2A} 和 G_{2B} 为低电平有效；使能信号有效时：$Y_i = \overline{m}_i$。

④ 译码器的扩展应用

通过正确配置译码器的使能输入端，可以将译码器的位数进行扩展。例如，实验室现在只有 3 线-8 线译码器（如 74138），要求实现一个 4 线-16 线的译码器。电路如图 8-27 所示，图中 A＝0 时，74138（Ⅱ）工作而 74138（Ⅰ）不工作；A＝1 时，情况刚好相反。对应到输出，74138（Ⅱ）输出为 Y_0～Y_7，74138（Ⅰ）输出为 Y_8～Y_{15}，从而实现了 4 线-16 线译码器。这种方法主要是利用其中的一个使能输入端作为编码信号输入端，调整图中非门的位置，或采用其他使能输入端作为编码信号输入端，同样可实现 4 线-16 线译码器。

图 8-27　译码器的扩展

（3）七段显示译码器

在数字测量仪表和各种数字系统中，需要将数字量直观地显示出来，一方面供人们直接读取测量和运算的结果；另一方面用于监视数字系统的工作情况，因此，数字显示电路是许多数字设备不可缺少的部分。数字显示电路通常由译码器、驱动器和显示器等部分组成，如图 8-28 所示。显示译码器的输入一般为二-十进制代码，其输出的信号用以去驱动显示器，显示出十进制数字来。

图 8-28　数字显示电路组成方块图

数码显示器是用来显示数字、文字或符号的器件，现在已有多种不同类型的产品，广泛应用于各种数字设备中，目前数码显示器件正朝着小型、低功耗、平面化方向发展。

数码的显示方式一般有三种：第一种是字形重叠式，它是将不同字符的电极重叠起来，要显示某字符，只需使相应的电极发亮即可，如辉光放电管、边光显示管等；第二种是分段式，数码由分布在同一平面上的若干段发光的笔划组成，如荧光数码管等；第三种是点阵式，它由一些按一定规律排列的可发光的点阵组成，利用光点的不同组合可以显示不同的数码，如场致发光记分牌。

按发光物质不同，数码显示器可分为下列几类：

① 半导体显示器，也称为发光二极管显示器；

② 荧光数字显示器，如荧光数码管、场致发光数字板等；

③ 液体数字显示器，如液晶显示器、电泳显示器等；

④ 气体放电显示器，如辉光数码管、等离子体显示板等。

数字显示方式目前以分段式应用最普遍，图 8-29 所示为七段式数字显示器利用不同发光段方式的组合，显示 0～15 等阿拉伯数字。在实际应用中，10～15 并不采用，而是用 2 位数字显示器进行显示。

(a)分段布置图　　　　(b) 段组合图

图 8-29　七段数字显示器发光段组合图

如前所述，分段式数码管是利用不同发光段组合的方式显示不同数码的。因此，为了使数码管能将数码所代表的数显示出来，必须将数码经译码器译出，然后经驱动器点亮对应的段。例如，对于 8421 码的 0011 状态，对应的十进制数为 3，则译码驱动器应使 a、b、c、d、g 各段点亮，以此类推，即对应于某一组数码。译码器应有确定的几个输出端有信号输出，这是分段式数码管电路的主要特点。

5. 半加器和全加器

在数字系统中算术运算都是利用加法进行的，因此加法器是数字系统中最基本的运算单元。由于二进制运算可以用逻辑运算来表示，因此可以用逻辑设计的方法来设计运算电路。加法在数字系统中分为全加和半加，所以加法器也分为全加器和半加器。

半加器

（1）半加器设计

半加器不考虑低位向本位的进位，因此它有两个输入端和两个输出端。

设加数（输入端）为 A、B，和为 S，向高位的进位为 C_{i+1}，则函数的逻辑表达式为 $S = AB + AB$，$C_{i+1} = AB + 1$。

（2）全加器设计

由于全加器考虑低位向高位的进位，所以它有三个输入端和两个输出端。

全加器

设输入变量为（加数）A、B、C_{i-1}，输出变量为 S、C_{i+1}，则函数的逻辑表达式为 $S = ABC_{i-1} + ABC_{i-1} + ABC_{i-1} + ABC_{i-1} = ABC_{i-1}$

$$C_{i+1} = ABC_{i-1} + ABC_{i-1} + ABC_{i-1} + ABC_{i-1} = (AB)C_{i-1} + AB$$

（3）全加器的应用

因为加法器是数字系统中最基本的逻辑器件，所以它的应用很广，可用于二进制的减法运算、乘法运算，BCD 码的加、减法、码组变换、数码比较等。

加法器的应用

6. 组合逻辑电路的分析与设计

（1）组合逻辑电路的特点

功能特点：输出仅取决于该时刻的输入而与电路原状态无关（无记忆功能）。

结构特点：无记忆元件，无反馈环路。

（2）组合逻辑电路的一般分析方法

组合逻辑电路图→列出逻辑函数表达式（迭代法由输入逐级向后推）

抢答器设计

→求标准表达式或简化的表达式（转换或化简）→列出相应的真值表→判断电路功能。

例 8.13 试分析图 8-30 所示逻辑电路的功能。

图 8-30　例 8.13 的逻辑电路

解：（1）迭代法求输出逻辑表达式

图中，$C=\overline{A+B}$，$D=AB$，用迭代法求出电路输出的逻辑表达式为

$$F=\overline{\overline{C}+\overline{D}}=\overline{\overline{A+B}+\overline{AB}}=(A+B)\cdot\overline{AB}=(A+B)(\overline{A}+\overline{B})=\overline{A}B+A\overline{B}$$

（2）列出真值表如表 8-13 所示。

（3）分析真值表可知，该电路是一个异或门。

例 8.14　试分析图 8-31 所示电路的逻辑功能。

表 8-13　例 8.13 的真值表

A	B	C	D	F
0	0	1	0	0
0	1	0	0	1
1	0	0	0	1
1	1	0	1	0

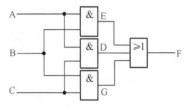

图 8-31　例 8.14 的逻辑电路

解：（1）由图 8-31 可知，$E=AB$，$D=AC$，$G=BC$，用迭代法得 $F=E+D+G=AB+AC+BC$

（2）列出相应的真值表如表 8-14 所示。

表 8-14　例 8.14 的真值表

输　入			输出 F
A	B	C	
0	0	0	0
0	0	1	0
0	1	0	0
0	1	1	1
1	0	0	0
1	0	1	1
1	1	0	1
1	1	1	1

（3）由真值表可以看出，该逻辑电路是一个三人多数表决电路。

（4）组合逻辑电路的一般设计方法。

设计要求→列出真值表（确定输入、输出变量及它们的逻辑关系）→化简写出简化的逻辑表达式（或转换成逻辑器件所需的表达形式）→画出逻辑图。

例 8.15　设计一个一位加法器（半加器）电路。

解：

（1）该电路有两个输入 A_n、B_n 和两个输出 S_n 和 C_n，根据二进制加法规律列出真值表如表 8-15 所示。

（2）由真值表写出逻辑表达式（化简或转换，本题无）

$$S_n=\overline{A_n}B_n+A_n\overline{B_n}=A_n\oplus B_n,\ C_n=A_n*B_n$$

（3）画出逻辑图如图 8-32 所示。

表 8-15　例 8.15 的真值表

A_n	B_n	S_n	C_n
0	0	0	0
0	1	1	0
1	0	1	0
1	1	0	1

图 8-32　例 8.15 的逻辑电路

三、项目实施

任务一　逻辑门电路测试

1．实施要求

① 能熟练使用数字芯片；

② 会测试与门、或门、非门、与非门、或非门等基本逻辑门电路的逻辑功能；

③ 巩固对摩根定理的认识。

2．实施步骤

（1）实验设备及元器件

① 数字电路实验箱，万用表

② 集成芯片

74LS08	四个 2 输入与门	1 片
74LS32	四个 2 输入或门	1 片
74LS00	四个 2 输入与非门	1 片
74LS20	双 4 输入与非门	1 片
74LS02	四个 2 输入或非门	1 片

（2）操作步骤

① 测试基本逻辑门电路的逻辑功能

（a）选用四个 2 输入与门 74LS08 一片，按图 8-33 所示接线，输入端接逻辑电平开关 S_1、S_2，输出端接电平显示发光二极管 $D_1 \sim D_8$ 中的任意一个。

（b）将电平开关 S_1、S_2 分别按表 8-16 所示位置，观察输出端的状态，并测量相应的电压，记录在表 8-16 中。

（c）选用或门、与非门、或非门等芯片，参照①②步骤，测试其逻辑功能。

（d）测试四个 2 输入与非门 74LS20 的逻辑功能，按图 8-34 所示接线，完成表 8-17。

图 8-33

表 8-16

输	入		输	出
A	B	Y=A·B	Y	电压（V）
0	0	0		
0	1	0		
1	0	0		
1	1	1		

图 8-34

表 8-17

输	入			输	出
A	B	C	D	Y=$\overline{ABCD}$	Y	电压（V）
0	0	0	0	1		
0	0	0	1	1		
0	0	1	1	1		
0	1	1	1	1		
1	1	1	1	0		

② 验证摩根定理

（a）与非门在输入端加非门得到或门。参照图 8-35 所示接线，完成表 8-18。

图 8-35

表 8-18

输	入	输	出
A	B	Y = A + B	Y
0	0	0	
0	1	1	
1	0	1	
1	1	1	

（b）或门在输入端加非门，得到与非门。参照图 8-36 所示接线，完成表 8-19。

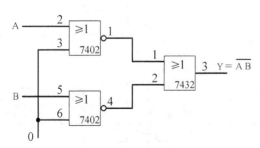

图 8-36

表 8-19

输	入	输	出
A	B	Y=$\overline{AB}$	Y
0	0	1	
0	1	1	
1	0	1	
1	1	0	

任务二　组合逻辑电路测试

1．实施要求

① 能准确测试验证奇偶校验器、原码/反码转换器、多数表决器的逻辑功能；

② 熟悉组合逻辑电路的特点，会进行分析和设计。

2．实施步骤

（1）实验设备及元器件

① 数字电路实验箱，万用表

② 集成芯片

74LS08	四 2 输入与门	1 片
74LS32	四 2 输入或门	1 片
74LS00	四 2 输入与非门	1 片
74LS20	双 4 输入与非门	1 片
74LS86	四 输入异或门	1 片

（2）操作步骤

① 测试 4 位奇偶校验器的逻辑功能

（a）用四 2 输入异或门 74LS86 构成 4 位奇偶校验器有两种接法，如图 8-37 和图 8-38 所示。按图 8-37 所示接线，然后按表 8-20 所示要求改变输入端 A、B、C、D 的状态，测试输出端 Y 的状态，记录在表 8-20 中。

（b）改用图 8-38 所示接法，重做上述步骤。

图 8-37

图 8-38

表 8-20

输　　入				输　　出	
				图 8.37	图 8.38
A	B	C	D	Y	Y
0	0	0	1		
0	0	1	1		
0	1	1	1		
1	1	1	1		
1	1	1	0		
1	1	0	0		
1	0	0	0		

② 测试 4 位原码/反码转换器的逻辑功能

4 位原码/反码转换器的逻辑电路图如图 8-39 所示。

先接线，然后按表 8-21 要求改变输入端 A、B、C、D 的状态，测试 M=0 和 M=1 时的输出结果，完成表 8-21。

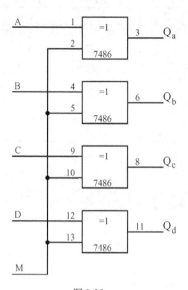

图 8-39

表 8-21

输　　入	输　　出	
	M = 0	M = 1
A B C D	$Q_aQ_bQ_cQ_d$	$Q_aQ_bQ_cQ_d$
0 0 0 0		
0 0 0 1		
0 0 1 1		
0 1 1 1		
1 1 1 1		

③ 测试三变量多数表决电路的逻辑功能

三变量多数表决电路的最简与或表达式为

$$Y=AB+BC+AC$$

由此确定的逻辑电路图如图 8-40 所示，由与门和或门构成。

图 8-40

实际电路设计中多使用与非门来实现。因而，可将逻辑表达式利用摩根定理变换为

$$\overline{\overline{Y= AB + BC + AC}}$$

$$\overline{\overline{Y}=AB \cdot \overline{BC} \cdot \overline{A}C}$$

其逻辑电路图如图 8-41 所示。

分别按图 8-40 和图 8-41 所示接线、测试，完成表 8-22。

图 8-41

表 8-22

输　　入			输　　出	
			图 8-40	图 8-41
A	B	C	Y	Y
0	0	0		
0	0	1		
0	1	0		
0	1	1		
1	0	0		
1	0	1		
1	1	0		
1	1	1		

任务三　加法器测试及应用

1．实施要求

① 熟悉二进制数的运算规律；

② 学习半加器和全加器的操作、测试，验证其逻辑功能。

2．实施步骤

（1）实验设备及元器件

① 数字电路实验箱，万用表

② 集成芯片

74LS00	四输入与非门	1 片
74LS86	二输入端四异或门	1 片

（2）操作步骤

① 测试用异或门和与非门构成的半加器的逻辑功能

半加器的逻辑表达式为

$$S_i = A_i \oplus B_i$$

$$C_i = A_i \cdot B_i$$

可知，半加器和位 S_i 是 A_i、B_i 的异或，而进位 C_i 是 A_i、B_i 相与，因此，半加器可用一个异或门和两个与非门构成。参照图 8-42 所示接线，完成表 8-23 所示的半加器的逻辑功能测试。

图 8-42

表 8-23

输　　入		输　　出	
A_i	B_i	S_i	C_i
0	0		
0	1		
1	0		
1	1		

② 测试用异或门和与非门构成的全加器的逻辑功能

半加器的逻辑表达式为

$$S_i = A_i \oplus B_i \oplus C_{i-1}$$
$$C_i = (A_i \oplus B_i) \cdot C_{i-1} + A_i \cdot B_i$$

由此构成的逻辑电路图如图 8-43 所示。

图 8-43

将进位的逻辑表达式利用摩根定理作变换，得

$$C_i = \overline{\overline{(A_i \oplus B_i) \cdot C_{i-1} + A_i \cdot B_i}}$$

$$C_i = \overline{\overline{(A_i \oplus B_i) \cdot C_{i-1}} \cdot \overline{A_i \cdot B_i}}$$

因此，全加器可用两个异或门和三个与非门构成，如图 8-44 所示。根据图 8-44 所示接线，完成表 8-24 所示的全加器的逻辑功能测试。

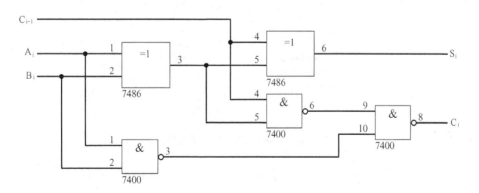

图 8-44

表 8-24　　　　　　　　　　　　　全加器的真值表

输　　入			输　　出	
A_i	B_i	C_{i-1}	S_i	C_i
0	0	0		
0	0	1		
0	1	0		

续表

输　　入			输　　出	
A_i	B_i	C_{i-1}	S_i	C_i
0	1	1		
1	0	0		
1	0	1		
1	1	0		
1	1	1		

任务四　译码器测试及应用

1．实施要求

① 能熟练测试规模集成译码器；

② 会使用集成译码器实现组合逻辑函数。

2．实施步骤

（1）实验设备及元器件

① 数字电路实验箱，万用表

② 集成芯片

74LS138　　　3-8 线译码器　　　　　1 片

74LS20　　　双 4 输入与非门　　　　1 片

译码电路

（2）操作步骤

① 3-8 线译码器 74LS138 逻辑功能的测试 3-8 线译码器 74LS138 的逻辑符号如图 8-45 所示。试测试其逻辑功能，完成表 8-25。

图 8-45　74LS138 的逻辑符号

表 8-25　　　　　　　　　　　　3-8 线译码器 74LS138 的逻辑功能表

$S_1 \overline{S_2} \overline{S_3}$	$A_2\ A_1\ A_0$	$\overline{Y_0}$	$\overline{Y_1}$	$\overline{Y_2}$	$\overline{Y_3}$	$\overline{Y_4}$	$\overline{Y_5}$	$\overline{Y_6}$	$\overline{Y_7}$
0××	×××								
×11	×××								
100	000								
100	001								
100	010								
100	011								
100	100								
100	101								
100	110								
100	111								

② 用译码器实现全加器

用 3-8 线译码器 74LS138 和与非门 74LS20 实现全加器，电路如图 8-46 所示。

图 8-46 用 3-8 线译码器 74LS138 实现全加器

参照图 8-45，按图 8-46 所示接线，写出输出端 S_i、C_i 的逻辑函数式，测试其逻辑功能，完成表 8-24。

任务五 用 Proteus 仿真测试译码器的逻辑功能

1．实施要求

① 能熟练使用 Proteus 仿真软件；

② 验证 3-8 译码器 74LS138 的逻辑功能，用发光二极管指示输出。

2．实施步骤

（1）打开软件 Proteus。

（2）选择合适的元器件，放入面板中，如图 8-47 所示。

图 8-47 画图

（3）根据芯片特点对元器件进行连线，如图 8-48 所示。

图 8-48　元器件连线

（4）在输入端输入相应的高低电平信号，对应的二极管发光。

如输入 CBA = 000 时，二极管 VD_1 发光；

如输入 CBA = 101 时，二极管 VD_6 发光，仿真如图 8-49 所示。

图 8-49　仿真图

注：CBA 其他的 6 种组合情况，请读者自行仿真调试。

任务六　用 2 片 74LS138 构成一个 4 位二进制译码器

1．实施要求

① 能熟练使用 Proteus 仿真软件；

② 学习 4 线-16 线译码器的工作原理及构成方法。

2．实施步骤

（1）打开软件 Proteus。

（2）选择合适的元器件，放入面板中，如下图所示。

图 8-50　画图

（3）根据芯片特点对元器件进行连线，如图 8-51 所示。

图 8-51　元器件连线

（4）逻辑功能仿真。

根据两片 CT74LS138 构成的 4 线-16 线译码器的特点，仿真过程如下所述。

① 当 E = 1 时，两个译码器都不工作，输出的 16 个二极管都不发光。

② 当 E = 0 时，译码器工作。

如输入 $A_3A_2A_1A_0 = 0000$ 时，二极管 VD_1 发光；

如输入 $A_3A_2A_1A_0 = 1000$ 时，二极管 VD_9 发光；

如输入 $A_3A_2A_1A_0 = 1011$ 时，二极管 VD_{12} 发光，仿真图如下。

图 8-52　仿真图

注：$A_3A_2A_1A_0$ 其他的 15 种组合情况，请读者自行仿真调试。

任务七　用编码器、译码驱动器和共阴显示器构成九路输入的优先编码电路

1．实施要求

① 能熟练使用 Proteus 仿真软件；

② 会用优先编码器实现优先编码设计。

2．实施步骤

（1）打开软件 Proteus，如图 8-53 所示。

（2）选择合适的元器件，放入面板中，如图 8-53 所示。

图 8-53　画图

（3）根据芯片特点对元器件进行连线，如图 8-54 所示。

（4）逻辑功能仿真。根据 CT74LS147 优先编码器的特点，仿真过程如下所述。

图 8-54　元器件连线

如输入 $A_9A_8A_7A_6A_5A_4A_3A_2A_1$=10XXXXXXX 时（X 表示既可为 0 也为 1），共阴显示器显示结果为 8。

如输入 $A_9A_8A_7A_6A_5A_4A_3A_2A_1$=111110XXX 时（X 表示既可为 0 也为 1），共阴显示器显示结果为 4，仿真图如图 8-55 所示。

图 8-55　仿真图

如输入 $A_9A_8A_7A_6A_5A_4A_3A_2A_1$=111111111 时（X 表示既可为 0 也为 1），共阴显示器显示结果为 0，仿真图如图 8-56 所示。

图 8-56　仿真图

注：$A_9A_8A_7A_6A_5A_4A_3A_2A_1$ 其他的 7 种组合情况，请读者自行仿真调试。

| 四、拓展知识 |

（一）组合逻辑电路中竞争冒险的分析

1. 什么是竞争冒险

信号在通过连线和逻辑单元时，都有一定的延时。延时的大小与连线的长短和逻辑单元的数目有关，同时还受器件的制造工艺、工作电压、温度等条件的影响。信号的高低电平转换也需要一定的过渡时间。由于存在这两方面的因素，多路信号的电平值发生变化时，在信号变化的瞬间，组合逻辑的输出有先后顺序，并不是同时变化，称为"竞争"；这会导致出现一些不正确的尖峰信号，这些尖峰信号称为"毛刺"。

组合逻辑电路的竞争
冒险

如果一个组合逻辑电路中有"毛刺"现象，就说明该电路存在"冒险"。冒险是由变量的竞争引起的。冒险分为逻辑冒险和功能冒险。

简言之，在组合逻辑中，由于门的输入信号通路中经过了不同的延时，导致到达该门的时间不一致的现象称为竞争，竞争产生冒险。

2. 竞争冒险产生的原因

（1）根本原因——延迟

（2）详细分析

竞争冒险的产生受即时间延迟、过渡时间、逻辑关系和延迟信号相位 4 个要素的制约。

① 时间延迟，即信号在传输中受路径、器件等因素的影响，在输入端信号间出现的时间差异。

② 过渡时间，即脉冲信号状态不会发生突变，必须经历一段极短的过渡时间。

③ 逻辑关系，即逻辑函数式。

④ 延迟信号相位，即延迟信号状态间的相位关系，涵盖延迟信号同相位和延迟信号反相位两个方面。延迟信号状态变化相同的是延迟信号同相位，反之是反相位。

时间延迟和过渡时间要素是竞争冒险产生的原因，逻辑关系和延迟信号相位要素是竞争冒险产生的机制。原因和机制，构成了竞争冒险的产生条件。当电路满足产生条件时，一定产生毛刺。

3. 如何判断有竞争冒险

（1）逻辑冒险的判断方法

有两种：一是代数法，二是卡诺图法。

逻辑冒险的判断方法

① 代数法。

在逻辑函数表达式中，若某个变量同时以原变量和反变量的形式出现，如逻辑函数在一定条件下可简化为 $Y = A + \overline{A}$ 反或 $Y = A * \overline{A}$ 反就具备了竞争条件。去掉其余变量（也就是将其余变量取固定值 0 或 1），留下有竞争能力的变量，如果表达式为 $F = A + \overline{A}$，就会产生 0 型冒险（F 应该为 1 而实际却为 0）；如果表达式为 $F = A\overline{A}$，就会产生 1 型冒险。

例 8.16 表达式 $F=AB+C\overline{B}$，当 $A=C=1$ 时，$F=B+\overline{B}$，在 B 发生跳变时，可能出现 0 型冒险。

② 卡诺图法：将函数填入卡诺图，按照函数表达式的形式圈好卡诺圈。

```
A\BC| 00 01 11 10
-----------------------
0   |  0  0  0  1
1   |  0  1  1  1
```

$F=AC+B\overline{C}$ 的卡诺图（将 101 和 111 的 1 圈一起，010 和 110 的 1 圈一起）

通过观察发现，这两个卡诺圈相切，则函数在相切处两值间跳变时发生逻辑冒险（前提是这两个卡诺圈没有被其他卡诺圈包围）。

（2）功能冒险的判断

功能冒险是当多个输入信号同时变化的瞬间，由于变化快慢不同而引起的冒险。

卡诺图法：依然用上面的卡诺图，按同样函数圈好。如 $F=AC+B\overline{C}$ 中，ABC 从 111 变为 010 时，A 和 C 两个变量同时发生了跳变，若 A 先变化，则 ABC 的取值出现了过渡态 011，由卡诺图可以知道此时函数输出 F 为 0，然而 ABC 在变化的前后的稳定状态输出值为 1，此时就出现了 0 型冒险。这种由过渡态引起的冒险是由电路的功能所致，因此称为功能冒险。

（3）综合逻辑冒险和功能冒险

例如，$F=CD+B\overline{D}+A\overline{C}$，自己画及圈卡诺图，可以发现信号 ABCD 从 0100 变化到 1101 可能存在 0 型功能冒险，不存在逻辑冒险。从 0111 变化到 1110 不存在功能冒险，而可能存在逻辑冒险。

（4）总结判断竞争-冒险的方法

① 逻辑函数在一定条件下可简化为 $Y=A+\overline{A}$ 或 $Y=A*\overline{A}$；

② 真值表卡诺图法；

③ 计算机辅助分析。

4．如何消除竞争冒险

消除竞争—冒险的方法有以下几种。

① 引入封锁脉冲；

② 引入选通脉冲；

③ 修改逻辑设计，增加冗余乘积项；

④ 接入滤波电容。

（二）数字电路的故障检测与诊断

1．什么是故障检测与诊断

所谓故障检测指的是检验电路实现的功能是否与预定功能完全一致，若测试的目的不但是为了检查电路是否有故障，而且还要检查电路发生了什么故障，则这种测试为故障诊断。

电路的故障诊断在数字电路设计和生产过程中具有重要意义，它有助于修复芯片模板上的各种缺陷，重新配置故障冗余系统；有助于改进生产工艺，最终提高芯片的产量、质量以及可靠性。现有的数字电路的故障诊断如果仍然依赖于常规仪表和传统的人工分析，因为诊断定位难度大、周期长，将会严重拖慢数字电路设计和生产的速度。

2．数字电路故障特点

数字电路测试的对象是非常复杂的，其复杂性表现在：待测电路的输入与输出变量可能多达数十个甚至上百个；电路的响应不仅是组合的而且在大多数情况下是时序的；构成集成电路的门及记忆元件都封装在芯片内部，它们的物理缺陷是多种多样的，不可能直接测量它们的逻辑电平、观察它们的输入输出波形，这与模拟集成电路一样，无法进入数字 IC 内部电路进行检查，只能通过芯片的外部进行测量。因此，必须寻求一些可以信赖的，简单可行的测试方法，检测电路或芯片内部的故障。

查找故障首先要有合适的信号源和示波器，示波器的频带一般应大于 10MHz，而且应该用双踪示波器同时观察输入和输出波形、相位关系。查找故障的过程可以按顺序进行测量，把输出的结果和预期的状态相比较，通过动态测试把故障缩小到最小的范围，如果信号是非周期性的，应该借助逻辑分析仪或其他辅助设备观察各处的状态。

3．数字电路故障的检测技术

（1）故障隔离

对任何电路进行故障诊断，首先应通过考察故障特征以尽可能地缩小故障范围，即进行故障隔离。这一过程是相当关键的。在故障检测中逻辑探头是寻找电路中关键信号的有效工具。在多数情况下，当信号完全消失时，用探头在相互连接的信号路径上进行测试，便可找到消失的信号。某些探头上具有逻辑存储开关，可用来检测单个脉冲或整个周期内脉冲信号的活动情况。信号出现时可以存储起来，并在脉冲存储器的 LED 上显示出来。通过查找电路之间不正常的关键信号可以进一步把故障缩小到一个电路范围内。

逻辑分析仪是检测可编程数字设备故障特性的有效工具。利用逻辑分析仪，可以观察可编程系统中程序每执行一步时的数据的传输情况，即能观察和比较程序执行过程中每一地址上的数据。可以每次作一步或几步，也可以迅速移到程序中觉得有怀疑的程序段上。根据逻辑分析仪的显示，能把故障范围确定到尽可能少的集成电路块或其他电路单元上。

（2）故障的定位检测

把故障隔离到单元电路中后，就可以用逻辑探头、逻辑脉冲发生器和电流跟踪器等来观察电路故障对工作的影响，并找到故障源了。检查线上的脉冲活动时，逻辑探头可用来观察输入信号的活动和所产生的输出信号。从这些信息出发，可以做出 IC 工作是否正常的判断。例如，如果 RAM 或 ROM 线上有时钟脉冲信号，且能使信号在使能状态，则数据总线上应有信号。程序运行中，每条线上都应有高电平和低电平之间的转换。逻辑探头能用来观察时钟和使能信号的输入。

如果能观察到数据线上的信号活动，则可认为 RAM 或 ROM 是好的。由于 IC 故障一般是突发性的，故无须测量信号的时序。多数情况下只需检查有无脉冲活动就足以反映 IC 的工作情况了。当然，RAM 或 ROM 也有可能存储了不正确的数据。

4．数字电路的故障诊断

数字电路的故障诊断相对比较简单，除三态电路外，它的输入与输出只有高电平和低电平两种状态。查找故障时可以先进行动态测试，缩小故障的范围；再进行静态侧试，查找故障的具体位置。

項目八　組合逻辑电路的设计

查找故障首先要有合适的信号源和示波器，示波器的频带一般应大于 10MHz，而且应该用双踪示波器同时观察输入和输出的波形、相位关系。查找故障的过程可以按顺序进行测量，把输出的结果和预期的状态相比较。通过动态测试把故障缩小到最小的范围，如果信号是非周期性的，应该借助逻辑分析仪或其他辅助设备观察各处的状态。

在数字电路中，一个逻辑门输入端由若干逻辑门提供，它的输出又经常带动多个门的输入，因此同一故障经常由不同的原因引起。在电路中，当某个元器件静态电位正常而动态波形有问题时，人们往往会认为这个元器件本身有问题而去更换它，其实，有时不是这个原因。比如，一个计数器加入单脉冲信号时，测量输出电平完全正确，加入连续脉冲观察到的波形却有问题（如输出波形台阶模式），遇到这种情况，不要急于更换器件，需要检查计数器本身的负载能力及为它提供输入信号的元器件的负载能力。把计数器的输出负载断开，检查它的工作正常与否，如果工作正常，说明计数器负载能力有问题，可以更换它；如果断开负载电路后仍存在问题，则要检查提供给计数器的输入信号波形是否符合要求，或把输入信号通过施密特门电路整形后再加到计数器输入端，检查输出波形，这种方式检查完毕仍然存在问题，则必须更换计数器。

数字电路当前在机电产品中得到了广泛的应用，数字电路的应用极大地提高了电器的使用和制造质量，促进了产品性能的提升。加强数字电路故障的特点及检测与诊断的研究有助于提升数字电路的应用水平，提升数字电路的应用质量，拓展其应用范围。

| 小　　结 |

1．组合逻辑电路是指任意时刻的输出仅取决于该时刻输入信号的取值组合，而与电路原有状态无关的电路。它在逻辑功能上的特点是：没有存储和记忆功能；在电路结构上的特点是：由各种门电路组成，不含记忆单元，只存在从输入到输出的通路，没有反馈回路。

2．组合逻辑电路的描述方法主要有逻辑表达式、真值表、卡诺图和逻辑图等。

3．组合逻辑电路的基本分析方法：根据给定电路逐级写出输出函数式，并进行必要的化简和变换，然后列出真值表，确定电路的逻辑功能。

4．组合逻辑电路的基本设计方法：根据给定设计任务进行逻辑抽象，列出真值表，然后写出输出函数式并进行适当化简和变换，求出最简表达式，从而画出最简（或称最佳）逻辑电路。

5．编码器的作用是将具有特定含义的信息编成相应二进制代码输出，常用的有二进制编码器、二-十进制编码器和优先编码器。

6．译码器的作用是将表示特定意义信息的二进制代码翻译出来,常用的有二进制译码器、二-十进制译码器和数码显示译码器。

7．加法器用于实现多位加法运算，其单元电路有半加器和全加器，其集成电路主要有串行进位加法器和超前进位加法器。

8．同一个门的一组输入信号到达的时间有先有后，这种现象称为竞争。因竞争而导致输出产生尖峰干扰脉冲的现象，称为冒险。竞争冒险可能导致负载电路误动作，应用中需加以注意。

| 185 |

| 习题及思考题 |

1. 二进制、十进制、八进制、十六进制分别以什么为基数，各进制的取值分别是什么？

2. 在逻辑运算中 1+1 等于多少？十进制运算中 1+1 等于多少？二进制运算中 1+1 等于多少？

3. 数制转换

(1) $(10110)_2 = ($ $)_{10}$ (2) $(0.1011)_2 = ($ $)_{10}$

(3) $(3B)_{16} = ($ $)_{10}$ (4) $(0.35)_{16} = ($ $)_{10}$

(5) $(0.01011111)_2 = ($ $)_{16}$ (6) $(1011.101)_2 = ($ $)_{10}$

(7) $(3F)_{16} = ($ $)_{10}$ (8) $(0.8125)_{10} = ($ $)_2$

(9) $(173)_{10} = ($ $)_{16}$ (10) $(0101.0110)_2 = ($ $)_{10}$

(11) $(8FA.C6)_{16} = ($ $)_2$ (12) $(73)_{10} = ($ $)_{16}$

4. 二进制数 $A = (1011010)_2$，$B = (101111)_2$，求下式的值（用二进制表示），

① $A+B$ ② $A-B$

5. 试用逻辑代数的公式法证明等式 $AB\overline{D} + A\overline{B} + AB = A\overline{D} + AB$。

6. n 变量的逻辑函数有多少个最小项？任意两个最小项的乘积是什么？

7. 将下列逻辑函数用卡诺图法简化成最简与或表达式。

① $Y_1 = AD + BC\overline{D} + (\overline{A} + \overline{B})C$

② $Y_2 (A、B、C、D) = \sum m (4, 5, 7, 9, 13, 14, 15)$

8. 根据下列真值表写出 F 和 Z 的表达式（A、B 为输入变量，F、Z 是输出变量）。

F=_____

Z=_____

A	B	F
0	0	0
0	1	0
1	0	0
1	1	1

A	B	Z
0	0	1
0	1	0
1	0	0
1	1	1

9. 逻辑图和输入 A，B 的波形如图 8-57 所示，请分析在 t_1 时刻输出 F 是什么？

(a)逻辑图   (b)输入A、B的波形

图 8-57

10. 根据 TTL 与非门电路回答以下问题。

① 简述 TTL 与非门电路的工作原理？推拉式结构对该电路性能有何改善？

② 有一两输入端的 TTL 与非门带同类门的个数为 N，已知门电路的 $|I_{IS}| = 1.5\text{mA}$，$I_{IH} = 10\mu\text{A}$，$I_{OL} = 15\text{mA}$，$|I_{OH}| = 400\mu\text{A}$，试问与非门带同类 f 门的个数 N 是多少？

11. 逻辑电路如图 8-58 所示，试写出逻辑式，并化简。

图 8-58　逻辑电路

12. 设计一个表决器，有 A、B、C 三人进行表决，当有两人或两人以上同意时决议才算通过，但通过的人中必须 A 在内，用与非门实现。

13. 用与非门实现"三变量一致"电路（变量取值相同输出为 1，否则为 0）。

14. 已知 3 线-8 线译码器 74LS138 的逻辑功能表达式为 $\overline{Y_0}=\overline{\overline{A_2}\,\overline{A_1}\,\overline{A_0}}$，$\overline{Y_1}=\overline{\overline{A_2}\,\overline{A_1}A_0}$，……，$\overline{Y_6}=\overline{A_2A_1\overline{A_0}}$，$\overline{Y_7}=\overline{A_2A_1A_0}$，正常工作时，$S_1=1$，$S_2=S_3=0$，如图 8-59 所示，试写出 Z_1 和 Z_2 的逻辑函数式。

图 8-59　3 线—8 线译码器 74LS138 逻辑电路

项目九
时序逻辑电路的设计

| 一、项目分析 |

前面讨论的各种门电路及由其组成的组合逻辑电路的输出没有记忆功能，其输出状态只取决于输入信号是否存在，当去掉输入信号后，相应的输出也随之消失。如果在组合电路中加进具有记忆功能的电路——双稳态触发器，电路的输出就不仅和当时的输入有关，而且还与电路原来的状态有关了，这样的电路称为时序电路。数字系统中常用的计数器电路，就是能将计数脉冲按时间顺序逐个记忆累加起来的一种时序电路。

项目内容

本项目将讨论触发器、寄存器、计数器、555 时基电路的应用，常用集成电路的应用，以及时序电路的分析与设计方法。

知识点

① 掌握触发器的构成、逻辑功能和工作波形；
② 掌握寄存器的构成和逻辑功能；
③ 掌握计数器的构成和逻辑功能；
④ 掌握时序逻辑电路的特性和分析方法；
⑤ 掌握同步时序逻辑电路的设计方法。

能力点

① 具有分析同步/异步逻辑电路的能力；
② 具有设计同步时序逻辑电路的能力；
③ 具有检查和排除数字系统一般故障的能力；
④ 具有利用计算机辅助设计软件绘制并仿真电路的能力。

|二、相关知识|

（一）触发器

触发器是各种时序电路的基础，是数字电路中重要的基本单元电路。它是一种具有记忆功能的逻辑器件，具有触发和保存功能。

触发器有两个基本特性：第一，它有两个稳定状态，分别用于表示二进制数码 0 和 1；第二，在输入信号作用下，这两个稳定状态可相互转换，输入信号消失或收到特定的保持信号后，现有状态能稳定地保持下来，从而实现记忆二进制信息的功能。

触发器由门电路组成，为了提供准确可靠的输出状态，也为了便于灵活地使用这些状态，触发器有两个互补的输出端：Q 和 $\bar{Q}$，定义如下：

触发器的 1 状态为　　　　Q=1，$\bar{Q}$=0；
触发器的 0 状态为　　　　Q=0，$\bar{Q}$=1。

触发器可以在没有信号的情况下保存自己的状态，直到有新的有效信号到来再产生新的状态。为了区分新状态和原状态，对触发器的输出状态作如下规定：

输入信号变化前的状态为"现态"，用 Q^n 表示；输入信号变化后的状态为"次态"，用 Q^{n+1} 表示。

一个功能完善、使用可靠的触发器，还必须具备准确触发的特点，所以，大部分触发器都有一个时钟信号输入端，以实现同步控制，这样的触发器也称为时钟触发器。

因此，触发器是一种在时钟信号控制下，根据输入信号进行触发（即置 0 或置 1）或保持状态不变的具有记忆功能的基本逻辑单元电路。

根据逻辑功能不同，触发器可以分为 RS 触发器、D 触发器、JK 触发器、T 触发器和 T′触发器等；根据触发方式不同，触发器可以分为电平触发器、边沿触发器和主从触发器等；根据电路结构不同，触发器可以分为基本 RS 触发器、同步触发器、维持阻塞触发器、主从触发器和边沿触发器等。本书主要讨论基本 RS 触发器，同步 RS 触发器，JK 触发器和 D、T 触发器。

触发器的逻辑功能用特性表、驱动表（又称激励表）、特性方程、状态转换图和时序图（又称波形图）来描述。

1．基本 RS 触发器

（1）电路结构

基本 RS 触发器的组成如图 9-1（a）所示，图 9-1（b）所示为其逻辑符号。它由两个与非门 G_1、G_2 的输入和输出交叉耦合而成，$\bar{R}_D$ 和 $\bar{S}_D$ 为信号输入端，低电平有效，在逻辑符号中用小圆圈表示。Q 和 $\bar{Q}$ 为输出端，两者的逻辑状态相反。我们规定 Q=1、$\bar{Q}$=0 的状态为触发器的 1 状态，记作 Q=1；Q=0、$\bar{Q}$=1 的状态为触发器的 0 状态，记作 Q = 0，因此，正常条件下可利用 Q 端的输出状态来表示触发器的状态。

基本 RS 触发器

(a) 逻辑图　　　　　(b) 图形符号

图 9-1　基本 RS 触发器

（2）工作原理

根据与非门输入与输出间的逻辑关系，分析基本 RS 触发器的逻辑功能有如下 4 种情况。

① 两个稳定状态

当 $\overline{R}_D=1$、$\overline{S}_D=1$ 时，触发器保持原状态不变。如果触发器现态处于 Q=1、$\overline{Q}=0$ 的 1 状态，由于 G_1 输入有低电平"0"，其输出为 1，G_2 输入全为高电平"1"，其输出为 0，因此，触发器次态稳定在 1 状态；如果触发器现态处于 Q=0、$\overline{Q}=1$ 的 0 状态时，G_2 的输入有低电平"0"，其输出为"1"，G_1 输入全为高电平"1"，其输出为"0"，因此，触发器次态稳定在 0 状态。

② 触发器置 1

当 $\overline{R}_D=1$、$\overline{S}_D=0$ 时，Q=1、$\overline{Q}=0$，触发器翻到 1 状态。由于 $\overline{Q}=0$ 反馈到 G_1 的一个输入端，这时即便 $\overline{S}_D=0$ 消失，触发器仍能保持 1 状态不变，故 $\overline{S}_D$ 端称为置"1"端。

③ 触发器置 0

当 $\overline{R}_D=0$、$\overline{S}_D=1$ 时，则 Q=0、$\overline{Q}=1$，触发器翻到 0 状态。由于 Q=0 反馈到 G_2 的一个输入端，这时即便 $\overline{R}_D=0$ 消失，触发器仍能保持 0 状态不变，故 $\overline{R}_D$ 端称为置"0"端。

④ 不定状态

当 $\overline{R}_D=0$、$\overline{S}_D=0$ 时，Q=1、$\overline{Q}=1$，这既不是 0 状态，也不是 1 状态。在 $\overline{R}_D=0$、$\overline{S}_D=0$ 同时消失或同时由 0 变为 1 时，其次态无法预知，可能是 0 状态也可能是 1 状态，因此，这种情况是不允许的，应当禁止。

上述基本 RS 触发器的逻辑功能可用特性表来表示，如表 9-1 所示。

表 9-1　基本 RS 触发器的特性表

$\overline{R}_D$	$\overline{S}_D$	Q^n	Q^{n+1}	功能
0	0	0	×	不定
0	0	1	×	
0	1	0	0	置 0
0	1	1	0	
1	0	0	1	置 1
1	0	1	1	
1	1	0	0	保持
1	1	1	1	

（3）特性方程

将特性表 9-1 所示的逻辑关系写成逻辑函数表达式，则有

$$\begin{cases} Q^{n+1}=\overline{S}+RQ^n \\ R+S=1 \end{cases} \tag{9-1}$$

这个表达式反映了现态 Q^n、R、S 与次态 Q^{n+1} 的关系，称为 RS 触发器的特性方程。式中 R+S=1 是避免出现不定状态的约束条件。

2．同步 RS 触发器

在实际应用时，往往要求触发器在某一指定时刻按输入信号所决定的状态触发"翻转"，这就需要在上述基本 RS 触发器的基础上加一导引电路（或称钟控电路），通过它把输入信号引导到基本 RS 触发器中。这个脉冲称为时钟脉冲，用 CP 表示。具有时钟脉冲控制的 RS 触发器称为同步 RS 触发器，又称钟控触发器，它的状态改变与时钟脉冲同步。

同步 RS 触发器

（1）电路结构

图 9-2（a）、（b）所示为钟控 RS 触发器的逻辑图和图形符号，其中，与非门 G_1 和 G_2 构成基本 RS 触发器，与非门 G_3 和 G_4 构成导引电路，R 和 S 分别是复"0"和置"1"信号输入端，CP 是时钟脉冲输入端，用此正脉冲来控制触发器的"翻转"时刻，因而它是一种控制命令，通过导引电路来实现时钟脉冲对输入端 R 和 S 的控制。

(a) 逻辑图　　　　　　　　　　　　(b) 图形符号

图 9-2　同步 RS 触发器

（2）工作原理

① 当 CP = 0 时

不论 R 和 S 电平如何，G_3 和 G_4 被封锁，输出都为"1"，基本 RS 触发器保持原态不变。

② 当 CP = 1 时

当时钟脉冲来到后，即 CP = 1 时，G_3 和 G_4 解除封锁，触发器才按 R、S 端的输入状态和现态 Q^n 来决定其输出状态。

具体来说，当 S = 1、R = 0 时，G_3 门输出为"0"，向 G_1 门送一个低电平，触发器输出端 Q 处于 1 态；当 S = 0、R = 1 时，G_4 门输出为"0"，向 G_2 门送一个低电平，触发器输出端 Q 处于 0 态；当 S = 0、R = 0 时，C_3 和 G_4 门均为"1"，则触发器保持原状态；当 S = 1、R = 1 时，G_3 和 G_4 门都向基本 RS 触发器送低电平，使 G_1 和 G_2 门输出端都为"1"，基本 RS 触发器处于不确定状态，这种情况应避免。

在图 9-2 中，$\overline{R}_D$ 和 $\overline{S}_D$ 分别是直接复位和直接置位端，即不经过时钟脉冲 CP 的控制可以对基本 RS 触发器置"0"或置"1"。一般在工作之初用它们预置触发器使之处于某一给定状态，在工作过程中不使用（处于高电平）。

同步 RS 触发器的功能如表 9-2 所示。

表 9-2　同步 RS 触发器特性表

CP	R	S	Q^n	Q^{n+1}	功能
0	x	x	x	Q^n	保持
1	0	0	0	0	保持
1	0	0	1	1	
1	0	1	0	1	置1
1	0	1	1	1	
1	1	0	0	0	置0
1	1	0	1	0	
1	1	1	0	×	不定
1	1	1	1	×	

（3）特性方程

将功能表 9-2 所示的逻辑关系写成逻辑函数表达式，有

$$\begin{cases} Q^{n+1} = S + \overline{R}Q^n \\ RS = 0 \end{cases} \qquad (9\text{-}2)$$

这和基本 RS 触发器的特性方程完全一致，只是约束条件不同，并且要求时钟脉冲 CP $=1$。

同步触发器这种输出状态的变化取决于时钟电平高低的工作方式，称为电平触发方式。CP $=1$ 期间，触发器的状态发生改变，叫正电平触发方式；CP$=0$ 期间，触发器的状态发生改变，叫负电平触发方式。图 9-2 所示电路为正电平触发的同步 RS 触发器。

RS 触发器的应用——消颤开关

工作在电平触发器方式的触发器存在空翻的可能。例如，在 CP$=1$ 期间，同步 RS 触发器的输入信号发生多次变化，输出状态也会相应发生多次变化，这种现象称为触发器的空翻。这种情况往往会使由其构成的数字系统无法工作，例如在计数工作时，触发器在一个计数脉冲的作用下可能产生两次或多次翻转，产生计数错误。这使电平触发器在应用中受到一定的限制，只能用于数据锁存，而不能用于计数器、移位寄存器和存储器等。

例 9.1 已知同步 RS 触发器的输入信号 R、S 及时钟脉冲 CP 的波形如图 9-3 所示。设触发器的初始状态为 0 态，试画出输出端 Q 的波形图。

分析： 第一个时钟脉冲 CP 到来时，R $=$ S $=0$，所以触发器保持原状态。

第二个时钟脉冲 CP 到来时，R $=0$，S $=1$，触发器翻转为 1 状态。

第三个时钟脉冲 CP 到来时，R $=1$，S $=0$，触发器翻转为 0 状态。

主从 JK 触发器

第四个时钟脉冲 CP 到来时，R $=$ S $=1$，基本 RS 触发器处于不确定状态，时钟脉冲过去后，触发器的状态可能为 1 态，也可能为 0 态，这是不定状态。

根据以上分析所画出的 Q 端输出波形如图 9-3 所示，这称为触发器的工作波形图或时序图。

图 9-3 同步 RS 触发器波形图

3．JK 触发器

（1）电路结构

JK 触发器是一种功能比较完善，应用极广泛的触发器。图 9-4（a）、（b）所示为 JK 触发器的一种典型结构——主从型 JK 触发器的逻辑图和逻辑符号。它由两个同步 RS 触发器串联

构成，前一级称为主触发器，后一级称为从触发器。主触发器具有双 R、S 端，并将其中一对 R、S 端分别与从触发器的输出端 Q、$\bar{Q}$ 相连，另一对 R、S 端分别标以 K 和 J，作为整个主从触发器的输入端，从触发器的输出端作为整个主从触发器的输出端。主触发器的输出端与从触发器的输入端直接相连，用主触发器的状态来控制从触发器的状态。时钟脉冲直接控制主触发器，经过非门反相后控制从触发器，所以主、从两触发器的时钟脉冲信号 CP 恰好反相。两触发器交替工作，CP=1 时主触发器工作，从触发器封锁，CP = 0 时主触发器封锁，从触发器工作，从而保证了在 CP 的每个周期内触发器的状态只变化一次，提高了触发器的工作可靠性。

(a) 逻辑图　　　　　　　　　　(b) 逻辑符号

图 9-4　主从 J K 触发器

（2）工作原理

① J = 0，K = 0

设触发器初始状态为"0"态，当时钟脉冲到来（CP = 1）时，主触发器由于 S′=J$\bar{Q}$=0，R′=KQ=0，从而使其保持原来的"0"状态不变。当 CP 下跳为"0"时，从触发器由于 S=Q′=0，R=$\bar{Q}$′=1 也保持原态不变。如果初始状态为"1"态，触发器仍保持原态不变。这时，用 $Q^n = Q^{n+1}$ 表示，触发器具有记忆功能。

② J=1，K=0

设触发器的初始状态为"0"态，当 CP=1 时，主触发器由于 S′=J$\bar{Q}$=1 和 R′ = 0，而翻转为"1"态，当 CP 下跳为 0 时，从触发器由于 S = Q′ = 1 和 R=0 而翻转为"1"态。如果初始状态为"1"态，同理可分析出，当 CP = 1 时，主触发器由于 S′ = 0 和 R′ = 0 而保持"1"态不变；当 CP 下跳为"0"时，从触发器由于 S = 1、R = 0 而保持"1"态不变。可见，在 J =1，K = 0 的情况下，触发器具有"置1"功能。

③ J = 0，K = 1

不论触发器原来状态如何，这个状态一定是"0"态。因为主触发器的 S′=J$\bar{Q}$ 总为"0"，而 R = KQ 与 Q（0）的状态有关。当原状态为"1"态时，Q（0）= Q′（0）= 1，R = 1，CP = 1，Q′ = 0，CP 脉冲下跳时，Q = Q′ = 0；当原状态为"0"态时，Q（0）= Q′（0）= 0，R=0，CP = 1，Q′和 Q 的状态均不变，仍保持原来的"0"态。可见，在 J = 0，K = 1 的情况下，触发器具有"复0"功能。

④ J=1，K = 1

设触发器初始状态为"0"态，在时钟脉冲到来之前，即 CP = 0 时，主触发器的 S′=J$\bar{Q}$=1，R = KQ = 0。当时钟脉冲到来后，即 CP=1 时，由于主触发器的 S = 1，R = 0，因此翻转为 1

态，当 CP 从 "1" 下跳为 "0" 时，主触发器保持 "1" 态不变，而从触发器的 S=1，R=0，故从触发器翻转为 "1" 态。反之，初始状态为 "1" 态，在时钟脉冲到来之前，即 CP=0 时，主触发器的 S=0，R=1，当时钟脉冲到来后，即 CP=1 时，由于主触发器的 S=0，R=1，翻转为 "0" 态，当 CP 从 "1" 下跳为 "0" 时，主触发器保持 "0" 态不变，而从触发器的 S=0，R=1，故从触发器翻转为 "0" 态。

可见，JK 触发器在 J＝K＝1 时，来一个时间脉冲，它就翻转一次，说明在此输入下，它具有计数功能。

由于 JK 触发器输出状态发生在时钟信号 CP 的下降沿，所以图 9-4 所示的主从 JK 触发器属于 CP 下降沿动作型，在图形符号中时钟信号 CP 用 "。" 表示。

JK 触发器的功能如表 9-3 所示。

表 9-3　JK 触发器功能表

J	K	Q^n	Q^{n+1}	功能
0	0	0	0	保持
0	0	1	1	
0	1	0	0	置0
0	1	1	0	
1	0	0	1	置1
1	0	1	1	
1	1	0	×	计数（翻转）
1	1	1	×	

（3）特性方程

JK 触发器由于在输入端引入了两条反馈信号线，因而不会出现两个输入端同时接收有效信号而输出状态不确定的问题，故 JK 触发器的输入无约束。

通过图 9-2 所示的 RS 触发器的逻辑图和图 9-4 所示的 JK 触发器的逻辑图比较可得：

$$S=J\overline{Q}^n \qquad R=KQ^n$$

将其代入 RS 触发器的特性方程式（9-2）中有，

$$Q^{n+1} = S+\overline{R}Q^n = J\overline{Q}^n + \overline{K}\overline{Q}^n Q^n$$
$$= J\overline{Q}^n + (\overline{K}+\overline{Q}^n)Q^n$$

得 $$Q^{n+1} = J\overline{Q}^n + \overline{K}Q^n \qquad\qquad (9\text{-}3)$$

式（9-3）即为 JK 触发器的特性方程。

主从 JK 触发器有效解决了同步 RS 触发器的约束条件和空翻现象。

主从型 JK 触发器的状态转换是分两段进行的：在 CP 脉冲的上升沿接收 J、K 端输入信号，主触发器翻转；在 CP 脉冲的下降沿从触发器翻转，完成状态转换。如果在 CP 脉冲的上升沿来到时，J、K 端信号已使主触发器翻转，则在该 CP＝1 期间，即使 J、K 端再发生变化，也不会使主触发器改变状态了。这种在 CP＝1 期间，J、K 端变化将引起主触发器状态改变，且只改变一次的现象，称为主从型触发器的一次性翻转（或称一次变化）。因此，在 CP＝1 期间，要求 J、K 端信号维持不变，以免出现错误的翻转，因而这种触发器对输入信号的要求较高，抗干扰能力不强。为了克服这个缺点，可选用具有边沿触发方式的 J、K 触发器。

所谓边沿触发方式，是指仅在 CP 脉冲的上升沿或下降沿到来时，触发器才能接收输入信号，触发并完成状态转换，而在 CP＝0 和 CP＝1 期间，触发器状态均保持不变，因而降低了对输入信号的要求，具有很强的抗干扰能力。下降沿触发的 JK 触发器的逻辑符号如图 9-5（c）所示。触发器逻辑符号中 CP 端加 "∧" 表示边沿触发，不加 "∧" 表示电平触发；CP 端加 "∧" 且有 "o" 表示下降沿触发；不加 "o" 表示上升沿触发。

例 9.2 74LS112 为集成双下降沿 JK 触发器（带预置和清除端），74111 为集成双主从 JK 触发器，其外引线端子如图 9-5（a）和（b）所示，图 9-5（c）为负边沿 JK 触发器的逻辑符号。当输入信号 J、K 的波形如图 9-5（d）所示时，请分别画出两种触发器的输出波形（假设各触发器初态均为 0）。

解：按照 JK 触发器的逻辑功能和触发特点，分别画出两种触发器的输出波形如图 9-5（d）所示。由主从型和边沿型触发器的时序图可以看出以下问题。

（1）主从型触发器在 CP = 1 期间，接收 J、K 输入信号并决定主触发器输出；在 CP = 0 时，从触发器向主触发器看齐。因此，触发器状态的改变发生在 CP 脉冲的下降沿时刻。

主从型触发器如果在 CP = 1 期间，J、K 输入信号有变化，主触发器按其逻辑功能判断，仅第一次状态变化有效，以后 J、K 再改变时将不起作用。

（2）边沿型触发器因其为下降沿触发方式，仅在 CP 脉冲负跳变时接收控制端输入信号并改变触发器的输出状态。

(a)74LS112 的外引线端子图　　　　　　　　(b) 74111 的外引线端子图

(c) 负边沿 JK 触发器逻辑符号

(d) 主从和边沿型 JK 触发器的时序图

图 9-5　例 9-2 图

4．D、T 触发器

（1）D 触发器

D 触发器只有一个输入端 D，另有一个时钟输入端 CP。D 触发器可以由 JK 触发器演变而来，如图 9-6（a）所示，将 JK 触发器的 J 端通过一个非门与 K 端相连，定义为 D 端，即由下降沿 JK 触发器转换成 D 触发器，其逻辑符号如图 9-6（b）所示。

边沿 D 触发器

由 JK 触发器的逻辑功能可知以下几点。

当 D = 1 时，即 J = 1、K = 0，时钟脉冲下降沿到来后触发器置"1"；

当 D = 0 时，即 J = 0、K = 1，时钟脉冲下降沿到来后触发器置"0"态。可见，D 触发器在时钟脉冲作用下，其输出状态与 D 端的输入状态一致，显然，D 触发器的特性方程为：

$$Q^{n+1} = D \tag{9-4}$$

表 9-4　D 触发器的逻辑功能表

D	Q^n	Q^{n+1}	功能
0	0	0	置0
0	1	0	
1	0	1	置1
1	1	1	

图 9-6　下降沿 D 触发器

可见，D 触发器在 CP 脉冲作用下，具有置0、置1逻辑功能。表 9-4 所示为 D 触发器的逻辑功能表。

这种由负边沿 JK 触发器转换而来的 D 触发器也是由 CP 下降沿触发翻转的。

使用时要特别注意，国产集成 D 触发器全部采用维持阻塞型结构，它的逻辑功能与上述完全相同，不同之处只是在 CP 脉冲上升沿到达时触发。

74 LS74 双上升沿 D 触发器的外引线端子排列如图 9-7（a）所示；图 9-7（b）所示为其逻辑符号，在 CP 输入端没有小圆圈，表示上升沿触发；图 9-7（c）所示为其时序波形图。

(a)74LS74 外引线端子排列　　(b)逻辑符号　　(c)时序图

图 9-7　上升沿触发的 D 触发器

（2）T 触发器

T 触发器是在时钟脉冲作用下具有翻转、保持两项功能的触发器。

把 JK 触发器的 J、K 端连接起来形成一个输入端 T，就构成了 T 触发器，如 9-8 所示。根据图 9-8（b）所示的 T 触发器的逻辑符号可知，该触发器为时钟脉冲 CP 的下降沿触发。

T 触发器的逻辑功能如表 9-5 所示。

表 9-5　T 触发器的功能表

T	Q^{n+1}	功能
0	Q^n	保持
1	$\overline{Q}^n$	翻转

(a)逻辑图　　　　　　　(b)逻辑符号

图 9-8　T 触发器

T = 1 时，每来一个 CP 脉冲，触发器翻转一次，为计数器工作状态；

T = 0 时，保持原状态不变。

将 D 触发器 Q 的反相输出端接到 D 输入端，也可构成 T 触发器，如图 9-9 所示。逻辑功能与上面的 T 触发器完全相同，但在时钟脉冲的上升沿触发。

若将 T 触发器的输入端接成固定的高电平 "1"，则在每个时钟脉冲，触发器都会产生一次翻转。T 触发器就变成了 "翻转型触发器" 或 "计数型触发器"。用这种触发器进行计数操作既简单又方便。我们也称这种 T 触发器的特例为 T′触发器。

图 9-9　由 D 触发器转换的 T 触发器

实际应用的集成触发器电路中没有 T 和 T′触发器，必须由其他功能的触发器进行适当的改接转换而得到。

例 9.3　逻辑电路如图 9-10（a）所示，分析其逻辑功能。已知输入信号 D 和时钟脉冲 CP 如图 9-10（b）所示，画出 Q 的波形。设电路初始状态为 0。

解：此电路为 JK 触发器构成的 D 触发器，时钟脉冲的下降沿触发。Q 端的输出波形如图 9-10（b）所示。

(a)逻辑电路　　　　　　　　　　　　　　(b)波形图

图 9-10　例 9-3 图

（二）寄存器和移位寄存器

在计算机或其他数字系统中，经常要求将运算数据或指令代码暂时存放起来，把能够暂存数码（或指令代码）的数字部件称为寄存器。要存放数码或信息，就必须有记忆单元——触发器，每个触发器能存储一位二进制数码，存放 n 位二进制数码则需要 n 个触发器。

寄存器能够存放数码；移位寄存器除具有存放数码的功能外，还能将数码移位。

1．寄存器

寄存器要存放数码，必须有以下三个方面的功能：数码要存得进，数码要记得住，数码要取得出。因此寄存器中除触发器外，通常还有一些控制作用的门电路相配合。

在数字集成电路手册中，寄存器通常有 "锁存器" 和 "寄存器" 之别。实际上，"锁存器" 常指用同步型触发器构成的寄存器；而一般所说的 "寄存器" 是指用无空翻现象的时钟触发器（即边沿型触发器）构成的寄存器。

数码寄存器

图 9-11 所示为用 D 触发器组成的四位数码寄存器。存放及取出数码由清零脉冲、接收脉冲和取数脉冲来控制。待存数码由高位到低位依次排列为 $d_3d_2d_1d_0$。在接收数码之前，通常先清零，即发出清零脉冲，使各触发器复位。

设寄存数码为1010，将其送至各触发器的D输入端。当接收脉冲上升沿到达时，触发器 F_3、F_1 翻转为1态，F_2、F_0 保持0态不变，使 $Q_3Q_2Q_1Q_0=d_3d_2d_1d_0=1010$。这样待存数码1010就暂存到寄存器中了。需要取出寄存在寄存器中的数码时，各位数码在寄存器的输出端 Q_3、Q_2、Q_1、Q_0 上是同时取出的。每当 $d_3d_2d_1d_0$ 各端的新数据被接收脉冲打入寄存器后，原存的旧数据便被自动刷新。

图9-11　由D触发器组成的四位移位寄存器

上述寄存器在输入数码时各位数码同时进入寄存器，取出时各位数码同时出现在输出端，因此这种寄存器也称为并行输入并行输出寄存器。

2. 移位寄存器

移位寄存器不但能寄存数码，而且具有移位运算功能。所谓移位，就是每当来一个时钟脉冲，触发器的状态便向左或右移动一位，也就是说，寄存的数码可以在移位脉冲的控制下依次进行移位。这种寄存器在计算机中广泛应用。

4位右移寄存器

移位寄存器根据数据流向分单向（左移、右移）和双向移位。

（1）单向移位寄存器

由D触发器构成的右移寄存器如图9-12所示。左边触发器的输出接至相邻右边触发器的输入端D，输入数据由最左边触发器 FF_0 的输入端 D_0 接入，D_0 为串行输入端，Q_3 为串行输出端，$Q_3Q_2Q_1Q_0$ 为并行输出端。

(a) 逻辑图　　　　　　　　　　(b) 时序图

图9-12　单向右移寄存器

设寄存器的原始状态为 $Q_3Q_2Q_1Q_0 = 0000$，将数据 1101 从高位至低位依次移至寄存器时，因为逻辑图中最高位寄存器单元 FF_3 位于最右侧，因此待存数据需先送入最高位数据，则

第一个 CP 到来时，$Q_3Q_2Q_1Q_0 = 0001$；

第二个 CP 到来时，$Q_3Q_2Q_1Q_0 = 0011$；

第三个 CP 到来时，$Q_3Q_2Q_1Q_0 = 0110$；

第四个 CP 到来时，$Q_3Q_2Q_1Q_0 = 1101$。

此时，并行输出端 $Q_3Q_2Q_1Q_0$ 的数码与输入相对应，完成了将 4 位串行数据输入并转换为并行数据输出的过程，其工作时序图由图 9-12（b）所示。显然，若以 Q_3 端作为输出端，再经 4 个 CP 脉冲后，已经输入的并行数据可依次从 Q_3 端串行输出，即可组成串行输入、串行输出的移位寄存器。

如果将右边触发器的输出端接至相邻左边触发器的数据输入端，待存数据由最右边触发器的数据输入端串行输入，则构成左移移位寄存器。请读者自行画出该电路图。

除用 D 触发器外，也可用 JK、RS 触发器构成移位寄存器，只需将 JK 或 RS 触发器转换为 D 触发器功能即可。T 触发器不能用来构成移位寄存器。

（2）双向移位寄存器

在单向移位寄存器的基础上，增加由门电路组成的控制电路就可以构成既能左移也能右移的双向移位寄存器。图 9-13 所示为集成双向移位寄存器 74194 的逻辑图和逻辑符号。

① 集成双向移位寄存器 74194 的内部逻辑结构

4 位双向通用移位寄存器 74194 的逻辑图由图 9-13（a）所示，它由 4 个下降沿触发的 RS 触发器和 4 个与或（非）门及缓冲门组成。对外共有 16 个引线端子，其中第 16 端为电源 U_{cc} 端子，8 端为地端子。A、B、C、D（3～6 端子）为并行数据输入端，Q_A、Q_B、Q_C、Q_D（15、14、13、12 端子）为并行输出端，D_L（端子）为左移串行数据输入端，D_R（2 端子）为右移串行数据输入端，C_r（1 端子）为异步清零端，CP（11 端子）为脉冲控制端，S_1、S_0（9、10 端子）为工作方式控制端。

② 逻辑功能

a. 异步清零。当 $C_r = 0$ 时，经缓冲门 G_2 送给各 RS 触发器一个复位信号，使各位触发器在该复位信号作用下清零。因为清零工作不需要 CP 脉冲的作用，所以称为异步清零。

移位寄存器正常工作时，必须保持 $C_r = 1$（高电平）。

b. 静态保持功能。当 CP = 0 时，各触发器没有时钟变化沿，因此将保持原来状态。

c. 正常工作时。

（a）并行置数。当 $S_1S_0=11$ 时，4 个与或（非）门中自上而下的第三个与门被打开（其他 3 个与门关闭），并行输入数据 A、B、C、D 在时钟脉冲上升沿作用下，送入各 RS 触发器中（因为 $R=\overline{S}$，因此 RS 触发器工作于 D 触发器功能），即各触发器的次态为

$$(Q_AQ_BQ_CQ_D)^{n+1} = ABCD$$

（b）右移。当 $S_1S_0=01$ 时，4 个与或（非）门中自上而下的第一个与门打开，右移串行输入数据 DR 送入 FFA 触发器，使 $Q_{A_{n+1}}=D_R$；$Q_{B_{n+1}}=Q_{A_n}$；……；在 CP 脉冲上升沿作用下完成右移。

（c）左移。当 $S_1S_0=10$ 时，4 个与或（非）门中自上而下的第四个与门打开，左移串行数

据 DL 送入 FFD 触发器 $QD_{n+1}=DL$；$QC_{n+1}=QD_n$，……；在 CP 脉冲上升沿作用下完成左移。

（d）保持（动态保持）。当 $S_1S_0 = 0_0$ 时，4 个与或（非）门中自上而下的第二个与门打开，各触发器将其输出送回自身输入端，所以，在 CP 脉冲作用下，各触发器仍保持原状态不变。

(a) 逻辑电路图　　　　　　　　　　(c) 新标准符号

图 9-13　集成 4 位双向移位寄存器 74194

由以上分析可见，集成移位寄存器 74194 具有清零、静态保持、并行置数、左移、右移和动态保持功能，是功能较为齐全的双向移位寄存器，其逻辑功能归纳于表 9-6 中。

表 9-6　　　　　　　　　　　4 位双向移位寄存器 74194 的功能表

输　入										输　出				功　能
清零	方式控制		时钟	串行输入		并行输入								
C_r	S_1	S_0	CP	D_L	D_R	A	B	C	D	Q_A^{n+1}	Q_B^{n+1}	Q_C^{n+1}	Q_D^{n+1}	
0	$\times$	$\times$	$\times$	$\times$	$\times$	$\times$	$\times$	$\times$	$\times$	0	0	0	0	清零
1	$\times$	$\times$	0	$\times$	$\times$	$\times$	$\times$	$\times$	$\times$	Q_A^n	Q_B^n	Q_C^n	Q_D^n	保持
1	1	1	$\uparrow$	$\times$	$\times$	A	B	C	D	A	B	C	D	并行置数
1	1	0	$\uparrow$	0	$\times$	$\times$	$\times$	$\times$	$\times$	Q_B^n	Q_C^n	Q_D^n	0	左移
1	1	0	$\uparrow$	1	$\times$	$\times$	$\times$	$\times$	$\times$	Q_B^n	Q_C^n	Q_D^n	1	
1	0	1	$\uparrow$	$\times$	0	$\times$	$\times$	$\times$	$\times$	0	Q_A^n	Q_B^n	Q_C^n	右移
1	0	1	$\uparrow$	$\times$	1	$\times$	$\times$	$\times$	$\times$	1	Q_A^n	Q_B^n	Q_C^n	
1	0	0	$\uparrow$	$\times$	$\times$	$\times$	$\times$	$\times$	$\times$	Q_A^n	Q_B^n	Q_C^n	Q_D^n	保持

（三）计数器

能够对脉冲进行计数的器件称为计数器。计数器是一种累计输入脉冲数目的逻辑部件，在数字测量、数字控制系统和计算机中都有广泛应用。它是电子计算机和数字逻辑系统的基本部件之一。计数器有多种分类方式，按计数功能，可分为加法计数器、减法计数器以及兼有这两种功能的可逆计数器；按计数进位制，可分为二进制、十进制和其他任意进位制计数器；按内部各触发器的动作步调，可分为异步计数器和同步计数器。

本节主要讨论二进制加法计数器和十进制加法计数器。

1. 二进制加法计数器

二进制只有 0 和 1 两个数码，二进制加法的规律是逢二进一，即 $0+1 = 1$，$1+1 = 10$。也就是每当本位是 1 再加 1 时，本位就变为 0，而向高位进位，使高位加 1。

由于双稳态触发器有 0 和 1 两个状态，所以一个触发器可以表示一位二进制数。如果要表示 n 位二进制数，就要用 n 个双稳态触发器。

二进制异步计数器

二进制计数器在输入脉冲的作用下，计数器按自然态序循环经历 2^n 个独立状态（n 为构成计数器的触发器个数），因此又称作模 2^n 进制计数器，模数 $M = 2^n$。

（1）异步二进制计数器

① 异步二进制加法计数器

以 3 位二进制加法计数器为例，找出其规律后，再推广到一般。

首先，按照二进制加法运算的规则可以列出 3 位二进制加法计数器的状态转换表，如表 9-7 所示，从中不难发现以下规律。

表 9-7 二进制加法计数器状态转换表

输入脉冲	触发状态		
	Q_2	Q_1	Q_0
0	0	0	0
1	0	0	1
2	0	1	0
3	0	1	1
4	1	0	0
5	1	0	1
6	1	1	0
7	1	1	1
8	0	0	0

a. 最低位触发器 FF_0 的输出状态 Q_0，在时钟脉冲作用下每来一个脉冲状态翻转一次。

b. 次高位触发器 FF_1 的输出状态 Q_1，在 Q_0 由 1 变为 0 时翻转一次。也即当 Q_0 原来为 1，作加 1 计数时，"$1+1$" 使本位得 0 并向高位进 1（逢二进一）时，使它的相邻高位翻转，以满足进位要求。

c. 最高位 FF_2 的状态 Q_2 和 Q_1 相似，在相邻低位 Q_1 由 1 变为 0（进位）时翻转。

可见，要构成异步二进制加法计数器，各触发器间的连接规律如下：

a. 只需用具有 T' 功能的触发器构成计数器的每一位；

b. 最低位时钟脉冲输入端接计数脉冲源 CP 端；

c. 其他各位触发器的时钟脉冲输入端则接到它们相邻低位的输出端 Q 或者 $\overline{Q}$。究竟接 Q 还是 $\overline{Q}$，则应视触发器的触发方式而定。

根据上述特点. 可用 3 个主从型 JK 触发器组成 3 位二进制加法计数器，如图 9-14 所示。图中各触发器的 J、K 端都悬空，相当于 1，所以均处于计数状态，相当于 T' 功能的触发器的功能。最低位触发器的时钟输入 FF_0 端作为计数脉冲的输入端，其他各触发器的时钟输入端与相邻的低位触发器的 Q 端相连接，使低位触发器的进位脉冲从 Q 端输出送到相邻的高位触发器的时钟输入端，这符合主从型触发器在正脉冲后沿触发的特点。这样，最低位触发器每来一个计数脉冲就翻转一次，而高位触发器只有当相邻的低位触发器从 1 变 0 而向其输出进位脉冲时才翻转。这种连接方式恰好符合二进制加法计数器的特点，因此该电路是一个二进制加法计数器。如果 CP 的频率为 f_0，那么 Q_0、Q_1、Q_2 的频率分别为 $1/2f_0$、$1/4f_0$、$1/8f_0$，这说明计数器具有分频作用，因此也称为分频器。每经过一级 T' 触发器，输出脉冲频率就被二分频，相对于 f_0 来说，Q_0、Q_1、Q_2 输出依次为 f_0 的二分频、四分频和八分频。

n 位二进制计数器最多能累计的脉冲个数为 2^n-1，这个数称为计数长度（或容量）。如 3 位二进制计数器的计数长度为 $2^3-1=7$，包含 000 在内，共有 8 个状态，即 $M= 2^3 = 8$，M 称为计数器的循环长度，也称为计数器的模。

② 异步二进制减法计数器

图 9-15 所示为下降沿 JK 触发器构成的 3 位二进制减法计数器的逻辑图及其工作时序波形图，状态转换表见表 9-8。

图 9-14　下降沿触发的 3 位异步二进制加法计数器及其时序图　　图 9-15　下降沿触发的 3 位异步二进制减法计数器及时序图

表 9-8　　　　　　　　　　　　　二进制减法计数器的状态转换表

输入脉冲	触发状态		
	Q_2	Q_1	Q_0
0	0	0	0
1	1	1	1
2	1	1	0
3	1	0	1
4	1	0	0
5	0	1	1
6	0	1	0
7	0	0	1
8	0	0	0

根据图 9-15 所示的二进制减法计数器逻辑图分析如下。

a. 最低位触发器 FF_0 的状态 Q_0，在时钟脉冲 CP_0 的作用下，每来一个脉冲状态翻转一次。

b. 次高位触发器 FF_1 的状态 Q_1，在其相邻低位 Q_0 由 0 变为 1（借位）时翻转一次。

也即：Q_0 原来为 0，来一脉冲作减 1 运算，因不够减而向高位借"1"时，使它相邻高位 FF_1 翻转一次，同时本位 Q_0 变为 1。

c. 最高位 FF_2 的状态与 FF_1 相似，在相邻低位由 0 变为 1 时，产生借位翻转。

从状态转换表 9-8 所示可以看出：该计数器从 111 计数，按二进制规律递减，直到 000 再循环。

③ 异步计数器的特点

异步计数器的最大优点是电路结构简单。主要缺点是由于各触发器翻转时存在延迟时间，级数越多，延迟时间越长，因此计数速度慢；同时由于延迟时间，在有效状态转换过程中会出现过渡状态而造成逻辑错误。

基于上述原因，在高速的数字系统中，大都采用同步计数器。

（2）同步二进制加法计数器

由于异步计数器的进位信号是逐级传送的，因而计数速度受到限制。为了提高计数器的工作速度，可将计数脉冲同时加到计数器中各触发器的 CP 端，使各触发器的状态变换与计数脉冲同步，这种计数据称为同步计数器。

同步二进制加法计数器一般由 T 触发器组成。T 触发器可由 JK 触发器或者 D 触发器转换而成。图 9-16 所示为由主从型 JK 触发器组成的 4 位同步二进制加法计数器。当 T = 1（J = K = 1）时，计数脉冲使触发器翻转；当 T = 0（J = K = 0）时，计数脉冲来到触发器 CP 端后触发器状态不变。图中每个触发器有多个 J 端和 K 端。J 端之间和 K 端之间都是与逻辑关系，即对于每一个触发器而言，只有它的几个 J 端全为 1 时，才能认为 J 端是 1，否则只能认为是 0，几个 K 端也是这样。据此，可分析各触发器状态变化规律如下：

图 9-16　4 位同步二进制加法器

① 最低位触发器 F_0：$J_0 = K_0 = 1$，每来一个计数脉冲就翻转一次；

② 第二位触发器 F_1：$J_1 = K_1 = Q_0$，所以在 $Q_0 = 1$ 时再来一个计数脉冲才翻转；

③ 第三位触发器 F2：$J_2 = K_2 = Q_1Q_0$，所以只有当 $Q_1 = Q_0 = 1$ 时再来一个计数脉冲才翻转；

④ 第四位触发器 F_3：$J_3 = K_3 = Q_2Q_1Q_0$，所以只有当 $Q_3 = Q_1 = Q_0 = 1$ 时再来一个计数脉冲才翻转。

清零后连续输入计数脉冲，计数器中各触发器的状态以及工作波形图与异步二进制加法计数器完全一致。由于计数脉冲同时加至各触发器的 CP 端，因此应该翻转的触发器同时翻转。

在上述 4 位二进制加法计数器中，当输入第 16 个计数脉冲时，计数器返回到初始状态

0000。4 位二进制加法计数器，能计的最大十进制数为 $2^4-1 = 15$；n 位二进制加法计数器，能计的最大十进制数为 2^n-1。

一个 4 位二进制加法计数器也是一个 1 位十六进制加法计数器，因为它"逢十六进一"。同步二进制减法计数器的工作过程与加法器类似，读者可自行画出逻辑图。

2．十进制计数器

二进制计数器结构简单，但是人们对二进制数毕竟不如常用的十进数那样习惯，所以在有些场合要采用十进制计数器，如在数字装置终端，广泛采用十进制计数器计数并将结果加以显示。

在十进制数中，有 0，1，2…9 十个数码，每一位数都可能是这十个数码中的任何一个；从 0 开始计数，遇到 9+1 时，这一位就要回到 0，并向高位进 1，即"逢十进一"。

十进制计数器

一个 4 位二进制加法计数器的计数状态表共有 0000～1111 16 个状态。为了表示十进制的 10 个数码，我们就要设法在 16 个状态中去掉 6 个状态而选取 10 个状态来表示十进制的 10 个数码。至于去掉哪 6 个状态，可有不同的安排，这就是编码方式。最常用的是 8421BCD 编码方式，即取 4 位二进制数前面的 0000～1001 来表示十进制的 0～9 十个数码，而去掉后面的 1010～1111 6 个数。按此编码方式，要求 4 位二进制计数器从 0000 开始计数，到第 9 个计数脉冲作用后变为 1001，再输入第 10 个计数脉冲，就要返回到初始状态 0000，并输出一个进位脉冲，即经过 10 个脉冲循环一次，实现"逢十进一"。

与 4 位二进制加法计数器相比较，前 9 个计数脉冲作用后的状态两者相同，只是第 10 个计数脉冲来到后计数器不是由 1001 变为 1010，而是恢复初始状态 0000，即要求第二位触发器 F_1 不得翻转，保持 0 态，第四位触发器 F_3 应翻转为 0。

按上述要求，用 4 个主从型 J-反触发器组成的 1 位同步十进制加法计数器如图 9-17 所示。根据逻辑图，可得出各位触发器状态变化规律：

图 9-17　1 位同步十进制加法计数器

（1）第一位触发器 F_0：$J_0 = K_0 = 1$，每来一个计数脉冲翻转一次；

（2）第二位触发器 F_0：$J_1 = \bar{Q}_3 Q_0$，$K_1 = Q_0$，在 $\bar{Q}_3 = 1$ 和 $Q_0 = 1$ 时再来一个计数脉冲才翻转；

（3）第三位触发器 F_2：$J_2 = K_2 = Q_1Q_0$，在 $Q_1 = Q_0 = 1$ 时再来一个计数脉冲才翻转；

（4）第四位触发器 F_3：$J_3 = Q_2Q_1Q_0$，$K_3 = Q_0$，在 $Q_2 = Q_1 = Q_0 = 1$ 时来到第 8 个计数脉冲才由 0 翻转为 1，而在第 10 个计数脉冲时由 1 翻转为 0，发生溢出或向高一位计数器送出进位信号；

（5）再根据 $Q_3Q_2Q_1Q_0 = 0001$，求得各位触发器控制端的电平。由此可得第二个计数脉冲作用后的下一状态为 0010。这是因为 $J_0 = K_0 = 1$，$J_1 = K_1 = 1$，当第二个计数脉冲到来时，F_1 和 F_0 翻转，使 $Q_0 = 0$，$Q_1 = 1$，而其他触发器因 $J_2 = K_2 = 0$，$J_3 = K_3 = 1$，所以保持 0 态不变。

以此类推，最后当 $Q_3Q_2Q_1Q_0 = 1001$ 时，有 $J_0 = K_0 = 1$，$J_1 = 0$，$K_1 = 1$，$J_2 = K_2 = 0$，$J_3 = 0$，$K_3 = 1$，$f(1) = 1$，$J_2 = K_2 = 0$ 和 $J; XJ = 1$，所以当第 10 个计数脉冲到来时，使 F_0 翻转为 0，F_3 翻转为 0，F_2 和 F_1 保持 0 态不变，因此得到 $Q_3Q_2Q_1Q_0 = 0000$，又回到初始状态。

根据上述过程分析可得 4 位十进制加法计数器的状态转换表如表 9-9 所示，其工作时序波形图如图 9-18 所示。

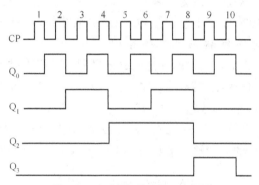

图 9-18 十进制加法计数器时序图

表 9-9　　　　　　　　　　　　十进制计数器状态转换表

计数脉冲 CP	触发状态				对应十进制数
	Q_3	Q_2	Q_1	Q_0	
0	0	0	0	0	0
1	0	0	0	1	1
2	0	0	1	0	2
3	0	0	1	1	3
4	0	1	0	0	4
5	0	1	0	1	5
6	0	1	1	0	6
7	0	1	1	1	7
8	1	0	0	0	8
9	1	0	0	1	9
10	0	0	0	0	10

前面我们介绍了各种计数器的工作原理，在实际应用中大都是采用集成计数器来实现的。集成计数器具有功能齐全、使用灵活方便等优点，因而得到广泛应用。它的类型很多。

常用的同步计数器有：十进制同步计数器 741S160、74IS162，前者为异步清零，后者为同步清零；4 位二进制同步计数器 74LS161、74LS163，前者为异步清零，后者为同步清零。同步清零、异步清零的区别在于：异步清零，在清零端加入规定的信号后，计数器所有输出端立即变为低电平；同步清零，清零端加入规定信号以后，输出端必须等规定的时钟边沿到达后才能变为低电平。

常用的异步计数器有二-五-十进制计数器 74LS196、74LS290（前者有预置数功能）；二-八-十六进制计数器 74LS197，74LS293（前者有预置数功能）。它们的共同特点是通过管脚间不同的连接方式，可以实现不同进制的计数关系。

可逆计数器有十进制加/减计数器 74LS190、4 位二进制加/减计数器 74LS191 等。有关集成计数器的详细资料请读者自行查阅有关技术手册。

（四）555 定时器及其应用

555 定时器又称时基电路，是一种模拟和数字功能相结合的中规模集成器件，其电路结构简单、使用方便灵活，在脉冲波形的产生与变换、仪器仪表、家用电气、电子玩具等领域都有着广泛用途。一般用双极型工艺制作的称为 555，用 CMOS 工艺制作的称为 7555，除单定时器外，还有对应的双定时器 556/7556，它们的逻辑功能和外部引脚排列是相同的。555 系列定时器的电源电压范围宽，555 定时器可在 4.5～16V 工作，7555 定时器可在 3～18V 工作，输出驱动电流约为 200mA，可与 TTL、CMOS 或者模拟电路电平兼容。

1．555 定时器的电路结构及其工作原理

图 9-19（a）所示为 555 定时器的内部电路方框图，其引脚排列如图9-19（b）所示。它由两个电压比较器（A_1、A_2）、一个基本 RS 触发器（G_1和 G_2组成）、一个集电极开路的放电管（VT）和输出缓冲级（G_3）组成。电压比较器 A_1 和 A_2 的基准电压为 U_{CC} 经 3 个 5kΩ 的电阻分压后提供。它们分别使高电平比较器 A_1 的同相输入端和低电平比较器 A_2 的反相输入端

555 定时器的电路结构

的参考电平为 $\frac{2}{3}U_{CC}$ 和 $\frac{1}{3}U_{CC}$。A_1 与 A_2 的输出端控制 RS 触发器状态和放电管开关状态。设 TH（阈值输入端）和 $\overline{TR}$（触发输入端）的输入电平分别为 u_{TH} 和 u_{TR}，则 555 定时器的工作原理分析如下：

① 当 $u_{TH}>\frac{2}{3}U_{CC}$、$u_{TR}>\frac{1}{3}U_{CC}$ 时，A_1 输出 0，A_2 输出 1，触发器复位，555 的输出端 OUT 输出低电平，同时放电管 VT 导通；

555 定时器的工作原理

② 当 $u_{TH}<\frac{2}{3}U_{CC}$、$u_{TR}<\frac{1}{3}U_{CC}$ 时，A_1 输出 1，A_2 输出 0，触发器置位，555 的输出端 OUT 输出高电平，同时放电管 VT 截止。

③ 当 $u_{TH}<\frac{2}{3}U_{CC}$、$u_{TR}>\frac{1}{3}U_{CC}$ 时，A_1 输出 1，A_2 输出 1，触发器保持。

$\overline{R_D}$ 为复位端，若 $\overline{R_D}=0$，则 555 输出低电平。正常使用时 $\overline{R_D}$ 端开路或接 U_{CC}。

V_C 是控制电压端，正常使用时输出 $\frac{2}{3}U_{CC}$ 作为比较器 A_1 的参考电平，通常接一个 0.01μF 的电容到地，起滤波作用，以消除外来干扰，确保参考电平的稳定；当该端外接一输入电压，即改变了比较器 A_1 的参考电平时，可以实现对输出的另一种控制。

C_t 端接电容，当放电管 VT 导通时，将为电容提供低阻放电通路。

综上所述，555 定时器主要是与电阻、电容构成充放电电路，并由两个比较器来检测电容上的电压，以确定输出电平的高低和放电管的通断，形成从微秒到数十分钟的延时电路，从而方便地构成单稳态触发器、多谐振荡器、施密特触发器等脉冲产生或波形变换电路。

（a）

（b）

图 9-19 555 定时器内部框图及引脚

2．555 定时器的典型应用

单稳态触发器和施密特触发器是两种不同用途的脉冲波形的整形、变换电路。其中单稳态触发器主要用以将宽度不符合要求的脉冲变换成符合要求的矩形脉冲。施密特触发器则主要用以将变化缓慢的或快速变化的非矩形脉冲整形成边沿陡峭的矩形脉冲。

555 定时器构成
单稳态触发器

（1）用 555 定时器构成单稳态触发器

单稳态触发器具有一个稳定状态和一个暂稳定态。在外加触发脉冲作用下，电路从稳态翻转到暂稳态，经一段时间后，又自动返回稳态；暂稳态维持时间的长短取决于电路本身的参数，与外加触发脉冲的宽度和幅度无关。由于单稳态触发器具有这些特点，常用来产生具有固定宽度的脉冲信号。图 9-20 所示为由 555 定时器和外接定时元件 R、C 构成的单稳态触发器。

(a)由555定时器构成单稳态触发器的电路 　　　　 (b)单稳态触发器的工作波形

图 9-20 由 555 定时器组成单稳态触发器

① 稳定状态。接通电源后，U_{cc} 经电阻 R 对电容 C 充电，当电容 C 上电压 $\geq \frac{2}{3}U_{cc}$ 时，U_1 为高电平，且 $\geq \frac{1}{3}U_{cc}$，内部放电开关管 T 导通，电容 C 经 T 迅速放完电，使输出端 OUT 输出稳定的低电平。

② 暂稳态。当有一个外部负脉冲触发信号加到 2 脚 TR 端，并使 TR 端电位瞬时低于 $\frac{1}{3}U_{cc}$ 时，低电平比较器动作，单稳态电路即开始一个暂态过程，U_{cc} 经电阻 R 对电容 C 充电，当充电到 $\frac{2}{3}U_{cc}$ 时，高电平比较器动作，比较器 A_1 翻转，放电开关管 T 重新导通，电容 C 很快经 T 放电，暂态结束，恢复稳态，为下一个触发脉冲的到来作好准备。波形如图 9-20（b）所示。

暂稳态的持续时间 t_w（即为延时时间）决定于外接元件 R、C 值的大小，$t_w = 1.1RC$。

（2）用 555 定时器构成施密特触发器

施密特触发器具有两个稳定状态，这两个稳态的维持和转换完全取决于输入信号的电位。只要将 555 定时器的 2 脚和 6 脚连在一起作为输入端，即得到施密特触发器，如图 9-21 所示。

(a)由555定时器构成施密特触发器的电路　　(b)施密特触发器的工作波形

图 9-21　由 555 定时器组成施密特触发器

图 9-22　施密特触发器的电压传输特性

若被整形变换的电压为正弦波，当 U_i 上升到 $\frac{2}{3}U_{cc}$ 时，U_{out} 从高电平翻转为低电平；当 U_i 下降到 $\frac{1}{3}U_{cc}$ 时，U_{out} 又从低电平翻转为高电平。该电路的电压传输特性曲线如图 9-22 所示，由图可以看出，该电路具有反向输出特性，其回差电压为 $\triangle U = \frac{2}{3}U_{cc} - \frac{1}{3}U_{cc} = \frac{1}{3}U_{cc}$。

（3）用 555 定时器构成多谐振荡器

将 555 定时器的 2 脚和 6 脚直接相连，并外接 R_1、R_2、C 即构成多谐振荡器，如图 9-23（a）所示。

多谐振荡器没有稳态，仅存在两个暂稳态，电路也不需外加触发信号，利用电源通过 R_1、R_2 向 C 充电，以及 C 通过 R_2 向放电端 C_t 放电。由于电容 C 在 $\frac{1}{3}U_{cc}$ 和 $\frac{2}{3}U_{cc}$ 之间来回充电和放电，从而使电路产生振荡，其波形如图9-23（b）所示。输出信号的时间参数是

$$T = t_{w1}+t_{w2}, \quad t_{w1} = 0.7(R_1+R_2)C, \quad t_{w2} = 0.7R_2C$$

555 电路要求 R_1 与 R_2 均应大于或等于 $1k\Omega$，但 R_1+R_2 应小于或等于 $3.3M\Omega$。

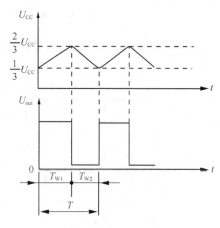

(a)由555定时器构成多谐振荡器的电路   (b)多谐振荡器的工作波形

图 9-23　由 555 定时器组成多谐振荡器

（五）同步时序逻辑电路的分析与设计

1．时序逻辑电路的特点
功能特点：输出不仅取决于该时刻的输入，而且还与电路原来的状态有关（有记忆功能）。
结构特点：一定含有作为存储单元的触发器。

2．时序逻辑电路的一般分析方法
对同步时序逻辑电路：了解电路的输入/输出信号、触发器的类型等→根据给定的时序电路图，写出输出方程、激励方程、状态方程→列出状态转换表或画出状态图和波形图→确定电路逻辑功能。

对异步时序逻辑电路：异步时序逻辑电路的分析方法和同步时序逻辑电路的基本相同，只是还应考虑各触发器的时钟条件，另外写出时钟方程。

例9.4　试分析图9-24所示时序逻辑电路的功能。

图 9-24　例 9-4 逻辑电路

解：（1）了解电路组成
电路是由两个 JK 触发器组成的同步时序电路。

（2）列方程

输出方程： $Y=Q_2Q_1$

激励方程： $J_1=K_1=1$ ； $J_2=K_2=X\oplus Q_1$

将激励方程代入 JK 触发器的特性方程得状态方程：

$$Q_1{}^{n+1}=J_1\overline{Q_1{}^n}+\overline{K_1}Q_1{}^n=\overline{Q_1{}^n}$$

$$Q_2{}^{n+1}=J_2\overline{Q_2{}^n}+\overline{K_2}Q_2{}^n=X\oplus Q_1{}^n\overline{Q_2{}^n}+\overline{X\oplus Q_1{}^n}Q_2{}^n=X\oplus Q_1{}^n\oplus Q_2{}^n$$

（3）列状态表，画状态图和波形图

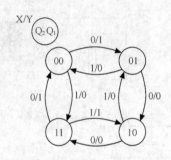

$Q_2{}^nQ_1{}^n$	$Q_2{}^{n+1}Q_1{}^{n+1}/Y$	
	X=0	X=1
00	01/0	11/0
01	10/0	00/0
10	11/0	01/0
11	00/1	10/1

（4）确定电路逻辑功能

由状态图和波形图可以看出，当 X = 0 时，电路加 1 计数；当 X = 1 时，电路减 1 计数，该电路为可逆计数器，其中 Y 理解为进位或借位端。

例9.5 试分析图 9-25 所示时序逻辑电路的功能。

图 9-25　例 9-5 逻辑电路

解：（1）了解电路组成

电路是由两个 D 触发器组成的异步时序电路。

（2）列方程

时钟方程： $CP_0=CLK$　$CP_1=Q_0$

输出方程： $Z = Q_1^n Q_0^n$

激励方程： $D_0 = \overline{Q_0}$ ， $D_1 = \overline{Q_1}$

将激励方程代入 JK 触发器的特性方程得状态方程：

$$Q_0^{n+1} = D_0 CP_0 + Q_0^n \overline{CP_0} = \overline{Q_0^n} CP_0 + Q_0^n \overline{CP_0}$$

$$Q_1^{n+1} = D_1 CP_1 + Q_1^n \overline{CP_1} = \overline{Q_1^n} CP_1 + Q_1^n \overline{CP_1}$$

（3）列状态表，画状态图和波形图

$Q_1^n Q_0^n$	CP_1	CP_0	$Q_1^{n+1} Q_0^{n+1}$
00	↑	↑	11
11	×	↑	10
10	↑	↑	01
01	×	↑	00
00	↑	↑	11

（4）确定电路逻辑功能

由状态图和波形图可以看出，该电路是一个异步二进制减法计数器，Z 信号上升沿可触发借位操作。该电路也可看作一个序列信号发生器。

3．同步时序逻辑电路的一般设计方法

同步时序逻辑电路的设计是分析的逆过程，它是根据给定逻辑功能要求，设计出能满足要求的逻辑电路，其设计方法如下。

根据设计要求，设定状态，画出状态图→状态化简→状态分配，列出状态转换编码表→选择触发器类型→确定状态方程、输出方程、激励方程→根据激励方程和输出方程画出逻辑图→检查自启动。

例 9.6 设计一个串行数据检测器。电路的输入信号 X 是与时钟脉冲同步的串行数据，其时序关系如下图所示；输出信号为 Z。要求电路在 X 信号输入出现 110 序列时，输出信号 Z 为 1，否则为 0。

解：（1）设定状态、画状态图。明确电路的输入条件和输出要求，确定输入变量和输出变量的数目和符号；找出所有可能的状态和状态转换之间的关系；根据原始状态图建立原始状态表。

本例输入变量——X；输出变量——Z；状态数——4 个，分别设定为 S0（初始状态）、S1（1）、S2（11）、S3（110），原始状态转换图和状态转换表为：

现态	次态/输出	
	X=0	X =1
S0	S0/0	S1/0
S1	S0/0	S2/0
S2	S3/1	S2/0
S3	S0/0	S1/0

（2）状态化简。合并等价状态，其中在相同的输入下有相同的输出，并转换到同一个次态去的两个状态称为等价状态。

本例中可见 S0、S3 为等价状态，合并后的状态转换表为

现态	次态/输出	
	X = 0	X = 1
S0	S0/0	S1/0
S1	S0/0	S2/0
S2	S0/1	S2/0

对应的状态图为

（3）状态分配。列出状态转换编码表，对化简后的电路状态赋以二进制代码，根据状态数确定触发器个数，每个触发器表示一位二进制数，则触发器数目 n 可按式 $2^n \geqslant N > 2^{n-1}$ 来确定，其中 N 为电路的状态数。

本例中，$n = 2$，则令 S0 = 00，S1 = 01，S2 = 11，状态转换编码表为

$Q_1^n Q_0^n$	$Q_1^{n+1} Q_0^{n+1}$ /Y	
	X=0	X=1
00	00/0	01/0
01	00/0	11/0
11	00/1	11/0

（4）触发器类型。由于 JK 触发器使用比较灵活，因此设计中多选用 JK 触发器。

本例采用 CP 下降沿触发的 JK 触发器。

（5）确定激励方程和输出方程

根据状态转换编码表得出状态转换真值表为：

现态		输入	次态		输入
Q_1^n	Q_0^n	X	Q_1^{n+1}	Q_0^{n+1}	Y
0	0	0	0	0	0
0	0	1	0	1	0
0	1	0	0	0	0
0	1	1	1	1	0
1	1	0	0	0	1
1	1	1	1	1	0

根据状态转换编码表可以画出各触发器次态和输出函数的卡诺图如下：

由此可求得输出方程为：$Y = \overline{X}Q_1^n$

状态方程为：$Q_1^{n+1} = XQ_0^n\overline{Q_1^n} + XQ_1^n$，　　　　$Q_0^{n+1} = X\overline{Q_0^n} + XQ_0^n$

将上式与 JK 触发器的特性方程（9-3）比较后得激励方程：

$$J_1 = XQ_0^n, \quad K_1 = \overline{X}$$

$$J_0 = X, \quad K_0 = \overline{X}$$

（6）画逻辑图

（7）检查自启动能力

对存在无效状态的电路，应检查若电路进入无效状态，能否在时钟信号的作用下自动返回到有效状态，如果能回到有效状态，则电路有自启动能力；否则无自启动能力，这时需要修改设计，使电路具有自启动能力。

本例当 $Q_1^n Q_0^n = 10$ 处于无效状态时，若 $X = 0$，则 $Q_1^{n+1} Q_0^{n+1} = 00$；若 $X = 1$，则 $Q_1^{n+1} Q_0^{n+1} = 11$。这说明一旦电路进入无效状态，只要再输入一个时钟信号，电路便回到有效状态00或11，因此该电路具有自启动能力。

三、项目实施

任务一　触发器测试

1．实施要求

① 熟悉 RS、D、JK 触发器的逻辑功能和特点，掌握它们的测试方法；

② 学会正确使用触发器集成芯片的方法，熟悉异步输入信号 $\overline{R}_D$、$\overline{S}_D$ 的作用；

③ 掌握不同触发器的相互转换方法。

2．实施步骤

（1）实验设备及元器件

① 双踪示波器

② 集成芯片

74LS00	四 2 输入与非门	1 片
74LS74	双 D 触发器	1 片
74LS112	双 JK 触发器	1 片

（2）操作步骤

① 测试基本 RS 触发器逻辑功能

（a）选用四 2 输入与非门 74LS00 两片，按图 9-26 所示接线，构成基本 RS 触发器。

（b）按下面的顺序在 $\overline{S}_D$、$\overline{R}_D$ 端加信号。

$$\overline{S}_D=0、\overline{R}_D=1；\overline{S}_D=1、\overline{R}_D=1；\overline{S}_D=1、\overline{R}_D=0；\overline{S}_D=1、\overline{R}_D=1$$

观察并记录触发器的 Q、$\overline{Q}$ 端的状态，将结果填入下表中，并说明在上述各种输入状态下，触发器执行的功能。

图 9-26

$\overline{S}_D$	$\overline{R}_D$	Q	$\overline{Q}$	逻辑功能
0	1			
1	1			
1	0			
1	1			

（c）分别在 $\overline{S}_D$ 端接低电平，$\overline{R}_D$ 端加脉冲；$\overline{S}_D$ 端接高电平，$\overline{R}_D$ 端加脉冲；连接 $\overline{R}_D$、$\overline{S}_D$ 端并加脉冲信号。观察并记录上述三种情况下，Q、$\overline{Q}$ 端的状态，从中总结出基本 RS 触发器的 Q 或 $\overline{Q}$ 端的状态改变与输入端 $\overline{S}_D$、$\overline{R}_D$ 的关系。

（d）$\overline{S}_D$、$\overline{R}_D$ 都接低电平时，观察 Q、$\overline{Q}$ 端的状态。当 $\overline{S}_D$、$\overline{R}_D$ 同时由低电平跳变为高电平时，注意观察 Q、$\overline{Q}$ 端的状态。重复 3～5 次，看 Q、$\overline{Q}$ 端的状态是否相同，以正确理解"不定"状态的含义。

② 测试维持-阻塞型 D 触发器的逻辑功能

选用双 D 型正边沿维持-阻塞型触发器 74LS74，其逻辑符号如图 9-27 所示。

（a）分别在 $\overline{S}_D$、$\overline{R}_D$ 端加低电平，观察并记录 Q、$\overline{Q}$ 端的状态。

（b）令 $\overline{S}_D$、$\overline{R}_D$ 端为高电平，D 端分别接高、低电平，用点动脉冲作为 CP，观察并记录当 CP 为 0、↑、1、↓ 时，Q 端状态的变化。

（c）当 $\overline{S}_D=\overline{R}_D=1$、CP=0（或 CP=1）时，改变 D 端信号，观察 Q 端的状态是否变化。

整理上述实验数据，将结果填入下表中。

$\overline{S_D}$	$\overline{R_D}$	CP	D	Q^n	Q^{n+1}
0	1	×	×	0	
				1	
1	0	×	×	0	
				1	
1	1	0	×	0	
				1	
1	1	↑	0	0	
				1	
1	1	↑	1	0	
				1	
1	1	1	×	0	
				1	
1	1	↓	×	0	
				1	

图 9-27

（d）令 $S_D = R_D = 1$，将 D 和 Q 端相连，CP 加连续脉冲，用双踪示波器观察并记录 Q 相对于 CP 的波形。

③ 测试负边沿 JK 触发器的逻辑功能

选用双 JK 负边沿触发器 74LS112，其逻辑符号如图 9-28 所示。

（a）自拟实验步骤，测试其功能，完成下表。

（b）若令 J = K = 1（即转换为 T′ 触发器），CP 端加连续脉冲，用双踪示波器观察 Q～CP 的波形，和 D 触发器的 D 和 $\overline{Q}$ 端相连时观察到的 Q～CP 波形相比较，有何异同点？

④ 触发器的相互转换

（a）将 D 触发器 74LS74 转换成 T′ 触发器，写出特性方程，画出实验电路图。

（b）将 T′ 触发器的 CP 端加连续脉冲，用双踪示波器观察并记录 Q～CP 的波形，并与上面步骤③（b）中观察到的 T′ 触发器的 Q～CP 波形相比较，又有何异同点？

S_D	R_D	CP	J	K	Q^n	Q^{n+1}
0	1	×	×	×	0	
					1	
1	0	×	×	×	0	
					1	
1	1	↓	0	0	0	
					1	
1	1	↓	0	1	0	
					1	
1	1	↓	1	0	0	
					1	
1	1	↓	1	1	0	
					1	

图 9-28

任务二　移位寄存器型计数器测试

1．实施要求

① 掌握环形计数器、扭环形计数器等移位寄存器型计数器的逻辑功能和特点；

② 掌握时序逻辑电路的特点及其分析、设计和测试方法。

2．实施步骤

（1）实验设备及元器件

集成芯片：

74LS00	四2输入与非门	1片
74LS10	三3输入与非门	1片
74LS175	四D型触发器	1片

（2）操作步骤

①测试自循环移位寄存器——环形计数器的逻辑功能

（a）将74LS175按图9-29所示连接组成一个4位环形计数器。

（b）将$Q_1Q_2Q_3Q_4$初始状态置为1000，用单脉冲计数，记录各触发器状态。

（c）改为连续脉冲计数，并将其中一个状态为"0"的触发器置为"1"（模拟干扰信号作用的结果），观察计数器能否正常工作并分析原因。

图9-29

② 测试自启动环形计数器

（a）按图9-30所示连接电路，组成一个4位环形计数器。

图9-30

（b）重复①的步骤，对比实验结果，总结自启动的重要性。

③ 测试扭环型计数器

（a）按图 9-31 所示连接电路，组成一个 4 位扭环形计数器。

图 9-31

（b）重复①的步骤，对比实验结果，总结自启动的重要性。

（c）本计数器不能自启动，试作改进，设计成能自启动的扭环型计数器。画出电路图，并验证。

任务三　集成计数器测试

1．实施要求

① 熟悉集成计数器各控制端的作用，掌握其逻辑功能测试和使用方法；

② 掌握集成计数器构成任意进制计数器的设计方法。

2．实施步骤

（1）实验设备及元器件

集成芯片：

| 74LS00 | 四 2 输入与非门 | 1 片 |
| 74LS290 | 二-五-十进制异步计数器 | 2 片 |

（2）操作步骤

① 测试集成计数器 74LS290 的逻辑功能

参照图 9-32、图 9-33 设计 8421BCD 码十进制计数器和 5421BCD 码十进制计数器，测试其逻辑功能并分别填入下面表格中。

图 9-32

图 9-33

② 设计任意进制计数器

（a）采用反馈归零法，可用 74LS290 设计任意模计数器。图 9-34 所示实现的是模 6 计数器。试验证。

计数	输出			
CP	Q_3	Q_2	Q_1	Q_0

图 9-34

（b）计数器的级连。为实现大容量的 N 进制计数器，可将多片计数器级连使用。图 9-35 所示是由模 6 计数器和模 10 计数器级连构成的 6×10=60 进制计数器，试验证。

图 9-35

任务四　集成寄存器、集成计数器测试及应用

1．实施要求

① 进一步熟悉和了解中规模集成寄存器芯片的功能测试及应用电路，掌握集成寄存器的使用方法。

② 进一步熟悉和了解中规模集成计数器芯片的功能测试及应用电路，掌握集成计数器构成任意进制计数器的设计方法。

2．实施步骤

（1）实验设备及元器件

集成芯片：

74LS194	4 位双向移位寄存器	2 片
74LS160	十进制同步计数器	2 片
74LS161	十六进制同步计数器	2 片
74LS20	双 4 输入与非门	1 片

160 同步计数器

（2）操作步骤

① 移位寄存器的应用

用两片 4 位双向移位寄存器 74LS194 芯片构成 8 位移位寄存器，画出电路图，并测试其功能。

161 同步计数器

② 同步十进制/十六进制计数器 74LS160/161 的应用

（a）按图 9-36 所示接线，CP 用点动脉冲输入，$Q_3Q_2Q_1Q_0$ 接发光二极管显示。测出芯片的计数长度，并画出其状态转换图。（注意：采用 74LS160 或 74LS161，计数长度不同）

（b）按图 9-37 所示接线，用点动脉冲作为 CP 的输入，74LS160 芯片（II）、（I）的输出端分别接发光二极管，或七段 LED 数码管的输入端。观察在点动脉冲作用下，发光二极管状态或 LED 显示的数字的变化，说明电路实现的是几进制计数器。

（c）如果采用十六进制计数器 74LS161 芯片实现与上相同进制的计数器，电路应如何改动？画出电路图，并用实验验证。

图 9-36   图 9-37

任务五　用 Proteus 仿真设计一个 2 位十进制计数译码电路

1．实施要求

① 掌握 Proteus 仿真软件的基本功能和操作；

② 利用 74LS192 和 74LS248 设计一个 2 位十进制计数译码显示电路；

③ 掌握集成计数器和译码器的应用。

2．实施步骤

（1）打开软件 Proteus，选择合适的元器件，放入面板中。

（2）按照设计要求连接线路。

（3）接入时钟信号和计数脉冲，观察数码管显示效果，判断设计是否正确。参考电路如图 9-38 所示。

图 9-38　参考电路

任务六　用 Proteus 仿真设计一个 555 时基电路质量判定及声光报警电路

1．实施要求

① 掌握 Proteus 仿真软件的基本功能和操作；

② 巩固 555 时基电路组成多谐振荡器的知识；

③ 熟悉 555 时基电路的工作原理及应用。

2．实施步骤

（1）打开软件 Proteus，选择合适的元器件，放入面板中。

（2）按照设计要求连接线路。

（3）检查无误后，运行仿真，此时可看到发光二极管 LED 闪动，小喇叭同时会发出"嘟、嘟…"的报警声，说明两只 555 时基电路是好的，否则说明 555 电路是坏的。参考电路如图 9-39 所示。

图 9-39　参考电路

丨四、拓展知识丨

（一）74LS290 芯片介绍

（1）74LS290 为二-五-十进制异步计数器，其结构框图如图 9-40 所示。

图 9-40　T4LS290 结构框图

（2）功能说明

输　　入			输　　出				说　　明
R0a·R0b	S9a·S9b	CP	Q_3	Q_2	Q_1	Q_0	
1	0	×	0	0	0	0	清零
×	1	×	1	0	0	1	置9
0	0	↓	计		数		

◇　异步清零（R0a·R0b=1　S9a·S9b=0），

◇　异步置 9（S9a·S9b =1　优先级别高于 R0a·R0b）

◇　二进制计数（CP_0 输入，Q_0 输出）

◇　五进制计数（CP_1 输入，$Q_3Q_2Q_1$ 输出）

◇　十进制计数（两种接法：① $CP_1=Q_0$，CP_0 输入，输出为 $Q_3Q_2Q_1Q_0$，为 8421BCD 码十进制计数器；② $CP_0=Q_3$，CP_1 输入，输出为 $Q_0Q_3Q_2Q_1$，为 5421BCD 码十进制计数器）

（二）74LS194 芯片介绍

（1）74LS194 为 4 位双向移位寄存器，其逻辑符号如图 9-41 所示。

图 9-41　74LS194 的逻辑符号

（2）功能说明

① 具有 4 位串入、并入与并出结构。

② 脉冲上升沿触发。可完成同步并入，串入左移位、右移位和保持 4 种功能。

③ 有直接清零端 $\overline{\text{CR}}$。

在图 9-41 中，$D_0 \sim D_3$ 为并行输入端，$Q_0 \sim Q_3$ 为并行输出端；D_{IR}、D_{IL} 为右移、左移串行输入端；$\overline{\text{CR}}$ 为清零端；S_1、S_0 为方式控制端，作用如下：

$S_1 S_0 = 00$ 保持

$S_1 S_0 = 01$ 右移操作

$S_1 S_0 = 10$ 左移操作

$S_1 S_0 = 11$ 并行送数

（三）74LS160/161 芯片介绍

（1）74LS160/161 为带直接清零端的同步可预置数计数器，其逻辑符号如图 9-42 所示。

（2）引脚说明

$\overline{\text{CR}}$	异步清零端
$\overline{\text{LD}}$	同步置数端
$S_1 S_2$	工作方式控制端
CO	进位信号
$D_0 D_1 D_2 D_3$	并行数据输入端
$Q_0 Q_1 Q_2 Q_3$	计数器状态输出端

（四）74LS192 芯片介绍

（1）74LS192 为 TTL 可预置的十进制同步加/减计数器，其逻辑符号及引脚排列如图 9-43 所示。

图 9-42 74LS160/161 的逻辑符号

（a）逻辑符号   （b）引脚排列

图 9-43 74LS192 逻辑符号及引脚排列

（2）引脚说明

$\overline{\text{TCU}}$ 进位输出端（低电平有效）

$\overline{\text{TCD}}$ 错位输出端（低电平有效）

UP   加计数时钟输入端（上升沿有效）

DN　减计数时钟输入端（上升沿有效）

MR　异步清除端

$\overline{PL}$　异步并行置入控制端（低电平有效）

$Q_3 \sim Q_0$　并行数据输出端

$D_3 \sim D_0$　并行数据输入端

（3）元件功能

① 异步清除。当清除端（MR）为高电平时，不管时钟（UP、DN）的状态如何，都可完成清除功能。

② 异步预置。当置入控制端（$\overline{PL}$）为低电平时，不管时钟（UP、DN）的状态如何，输出端（$Q_3 \sim Q_0$）都可预置成与数据输入端（$D_3 \sim D_0$）相一致的状态。

③ 同步计数。在 UP、DN 上升沿作用下，$Q_3 \sim Q_0$ 同时变化，从而消除了异步计数器中出现的计数尖峰。当进行加计数或减计数时，可分别利用 UP 或 DN，此时另一个时钟应置为高电平。

当计数上溢出时，进位输出端（$\overline{TCU}$）输出一个低电平脉冲，其宽度为 UP 低电平部分的低电平脉冲；当计数下溢出时，错位输出端（$\overline{TCD}$）输出一个低电平脉冲，其宽度为 UP 低电平部分的低电平脉冲。

当把 $\overline{TCD}$ 和 $\overline{TCU}$ 分别连接后一级的 DN、UP，即可进行级联。

| 小　结 |

（1）双稳态触发器是组成时序逻辑电路的基本单元，它是一种具有记忆功能的逻辑器件，它有两种相反的、稳定的输出状态。

触发器的逻辑功能可用逻辑状态表来表示。

基本 RS 触发器没有时钟控制端；同步 RS 触发器的逻辑功能与基本 RS 触发器相同，时钟脉冲为高电平时触发，其输入端 R、S 都有约束条件。

JK 触发器不需要约束条件，主从结构的 JK 触发器在时钟脉冲的下降沿触发，维持阻塞结构的为上升沿触发。

RS 触发器、JK 触发器、D 触发器可以相互转换，T 触发器一般由上述触发器转换而得到。

（2）能够暂存数码（或指令代码）的数字部件称为寄存器。要存放数码或信息，就必须有记忆单元——触发器，每个触发器能存储一位二进制数码，存放 n 位二进制数码需要 n 个触发器。

寄存器能够存放数码。

移位寄存器不但能寄存数码，而且具有移位运算功能。每当来一个时钟脉冲，触发器的状态便向左或右移动一位，也就是说，寄存的数码可以在移位脉冲的控制下依次进行移位。移位寄存器根据数据流向分单向（左移、右移）和双向移位。

（3）能够对脉冲进行计数的器件称为计数器。计数器是一种累计输入脉冲数目的逻辑部件。计数器具有分频作用，因此也称为分频器。

n 位二进制计数器最多能累计的脉冲个数为 2^n-1，这个数称为计数长度（或容量）。

异步计数器存在延迟时间，级数越多，延迟时间越长，因此计数速度慢。

同步计数器将计数脉冲同时加到计数器中各触发器的 CP 端，使各触发器的状态变换与计数脉冲同步。

二进制计数器结构简单，但是人们对二进制数毕竟不如常用的十进数那样习惯。所以在有些场合要采用十进制计数器。

（4）555 定时器是一种多用途的集成电路，只需外接少量阻容元件便可以构成施密特触发器、单稳态触发器和多谐振荡器等，它还可以组成其他很多实用电路。

（5）描述时序逻辑电路的方法有逻辑图、状态方程、激励方程、输出方程、状态转换真值表、状态转换图、时序图等。分析这种电路的关键是求出状态方程和状

态转换真值表，从而分析其电路功能。同步时序逻辑电路的设计应根据要求求出最简状态编码表，用卡诺图求出状态方程和激励方程，由此画出逻辑电路图。

| 习题及思考题 |

1．为什么说双稳态触发器具有记忆功能？

2．画出 RS、JK、D、T、T′ 触发器的逻辑电路符号并列出真值表。

3．数码寄存器和移位寄存器有什么区别？

4．分析已学过的各种类型触发器，哪些能用作移位寄存器？哪些不能？

5．某数据机床使用一个 16 位的二进制计数器，它最多能记忆多少个脉冲？

6．什么叫同步计数器?什么叫异步计数器？各有什么优、缺点？

7．$\overline{R}_D$ 和 $\overline{S}_D$ 端的输入信号如图 9-44 所示，设基本 RS 触发器的初始状态分别为 1 和 0 两种情况，试画出 Q 端的输出波形。

8．R、S 端和 CP 端的输入信号波形如图 9-45 所示，设同步 RS 触发器的初始状态分别为 0 和 1 两种情况，试画出 Q 端的输出波形。

图 9-44　习题 7 图　　　　　　　　　　图 9-45　习题 8 图

9．设主从型 JK 触发器的初始状态为 0，当 J、K 端和 CP 端的输入信号波形如图 9-46 所示时，试分别画出（a）、（b）、（c）、（d）4 种情况下 Q 端的输出波形图。

图 9-46　习题 9 图

10．已知维持阻塞 D 触发器的 D 和 CP 端电压波形如图 9-47 所示，试画出 Q 端的输出波形（设初态为 0）。

图 9-47　习题 10 图

11．设图 9-48 所示的各触发器的初始状态皆为 0，试画出在 CP 脉冲作用下各触发器输出端 $Q_1 \sim Q_{12}$ 的电压波形。

图 9-48　习题 11 图

12．在图 9-49 所示电路中，设各触发器的初态均为 0，试画出在 CP 和 D 信号作用下 Q_1、Q_2 端的波形。

图 9-49　习题 12 图

13. 在图 9-50 所示电路中，设各触发器初始状态均为 0，试画出在 X 和 CP 信号作用下 Q_1、Q_2 端的波形。

图 9-50　习题 13 图

14. 试写出图 9-51（a）、（b）所示电路输出的函数表达式（Q^{n+1}_1，Q^{n+1}_2），并画出在图 9-51（c）给定信号作用下的电压波形。

（a）　　　　　　　　（b）　　　　　　　　（c）

图 9-51　习题 14 图

15. 图 9-52 所示为由触发器和门电路组成的"检 1"电路（所谓"检 1"就是只要在 CP = 1 时，输入是逻辑 1，Q 端就有一串连续的正脉冲，每个脉冲宽度等于 CP 脉冲低电平的时间），这个电路常用来检测数字系统中按规定的时间间隔是否有 1 状态出现。试分析其工作原理。

图 9-52　习题 15 图

16. 指出下列各种类型的触发器中哪些能组成移位寄存器。

（a）基本 RS 触发器　　　（b）同步 RS 触发器
（c）主从结构的触发器　　（d）维持阻塞触发器
（e）CMOS 传输门结构的边沿触发器

17. 分析图 9-53 所示时序电路的逻辑功能，写出电路的驱动方程、状态方程、输出方程、状态转换表，画出时序图。

18. 试用 D 触发器组成 4 位左移寄存器。

19. 试用 JK 触发器组成移位寄存器。

20. 试分析图 9-54 所示电路为几进制计数器，画出各触发器输出波形图。

图 9-53　习题 17 图

图 9-54　习题 20 图

项目十
数字电子技术项目综合设计

（一）实训名称

脉冲计数译码显示电路制作

（二）实训目的

本电路为 100 进制计数译码显示电路，简单实用。它是"数字电子技术"课程中集 555 时基电路、多谐振荡器、计数器、译码器、数码显示等多方面知识于一体的实训项目，对巩固和提高学生掌握的数字电子技术知识极为有利。让学生从实训中感受电路制作的乐趣和成就感，进而激发其学习兴趣也是本实训的目的。本实训电路可作为电子竞赛的基本培训内容进行实训。它可直接作为工程控制项目的计数显示电路使用，比如工厂流水线上产品产量的统计计数；或某控制场合的转速计数；或作为数字电子时钟的基本部件等，具有十分广泛的实用价值。通过电路组合的联想还可激发学生的无穷创意，从而使同学们对数字电子技术应用的认识有一个质的飞跃。通过本实验电路的制作还应达到以下目的。

① 熟悉 555 时基电路及计数器、译码器、数显的工作原理及应用。

② 掌握 Proteus 仿真软件的使用方法。

③ 掌握焊接集成电路电子元件的实操方法和调试数字电路的基本方法。

（三）电路原理图

本设计项目的电路图如图 10-1 所示。

（四）用 Proteus 软件仿真

1．选择元器件

打开软件 Proteus，选择合适的元器件，放入面板中，如图 10-2 所示。

2．对元器件进行连线

根据电路原理图及芯片特点对元器件进行连线，如图 10-3 所示。

图 10-1 计数器电路参考原理图

图 10-2 选择合适的元器件

图 10-3 元器件连线图

3．仿真过程

① 复位锁定功能。将按钮 S_2 闭合，对电路进行仿真，此时共阳数码 LED 只显示为 00，如图 10-4 所示。

图 10-4　复位锁定功能仿真图

② 手动计数：将按钮 S_2 闭合，将两位开关 SW1 接通左边，通过操作（即接通和断开）按钮 S2，可实现手动计数功能。手动计数显示 15 的仿真图如图 10-5 所示。

图 10-5　手动计数功能仿真图

③ 连续计数：将按钮 S_2 闭合，将两位开关 SW_1 接通右边，可实现自动连续计数功能，计数范围为 00～99，且具有循环特征。连续计数显示 79 的仿真图如图 10-6 所示。

（五）实物制作

1．元器件及工具

① 器件：8 脚 IC 插座一只；14 脚 IC 插座一只；16 脚 IC 插座四只；555 时基电路一片；集电路 74LS20 一片；74LS160、74LS47 各二片；共阳数码 LED 二只；7805 三端稳压一只；

瓷介电容器 103 一只；瓷介电容器 104 二只；电解电容 220μF 二只；220Ω电阻 15 只；1kΩ电阻一只；2MΩ可调电阻一只；100Ω电阻一只；发光二极管一只；单刀双掷小开关一只；小按钮二只；整流桥堆一组；220V/9V（8W）变压器一只；单相电源插线一根。

图 10-6　连续计数功能仿真图

② PCB 板一块。用于焊接 ϕ0.1～0.3mm 的单支导线若干。

③ 工具：万用表；30W 电烙铁；小剪钳等。

2．制作步骤

① 首先须用万用表对变压器、数字 LED、电容、电阻等元器件以及对已制作好的 PCB 进行检查测试。

② 按实验电路原理图在 PCB 板上把元器件焊好（注意不可把集成电路直接焊入，只把 IC 插座焊上即可）。

③ 把集成电路分别对应插入 IC 插座。

④ 检查无误后把电源接上。此时若把开关 K 拨向"连续"可看到发光二极管 LED 闪动；同时可看到数码 LED 从 0 加到 99，对 100 个脉冲计数归零后又重复加法计数；若开关 K 拨向"手动"，只要用手按一下按钮，数码 LED 加 1，直加至 99，归零后又重复计数。如此不断循环。

3．相关资料

① 实训元器件清单如下。

编　号	器 件 名 称	数量/套	编　号	器 件 名 称	数量/套
1	555 时基电路	1 只	12	1/4W 电阻 100Ω	1 只
2	8 脚 IC 插座	1 只	13	1/4W 电阻 220Ω	15 只
3	14 脚 IC 插座	1 只	14	1/4W 电阻 2MΩ	1 只
4	6 脚 IC 插座	4 只	15	可调电阻 0～2MΩ	1 只
5	集成电路 74LS160	2 片	16	发光二极管（红色）	1 只
6	集成电路 74LS47	2 片	17	小按钮	2 只
7	集成电路 74LS20	1 片	18	单刀双掷小开关	1 只
8	数码显示器 LED	2 只	19	电源接口	1 只
9	PCB 板	1 块	20	104 瓷介电容	2 只
10	103 瓷介电容	2 只	21	单支导线（约 ϕ0.3mm）	2 根
11	1/4W 电阻 1kΩ	1 只			

② 制作的实体图片如图 10-7 所示（带电源部分）。

图 10-7　实体图片

|附录一 半导体分立器件型号命名方法
（GB/T 249—1989）|

1. 型号组成原则

半导体分立器件的型号五个组成部分的基本意义如下：

第一部分　第二部分　第三部分　第四部分　第五部分

用汉语拼音字母表示规格号

用阿拉伯数字表示序号

用汉语拼音字母表示器件的类型

用汉语拼音字母表示器件的材料和极性

用阿拉伯数字表示器件的电极数目

注：场效应管、半导体特殊器件、复合管、PIN 管、激光器件的型号命名只有第三、四、五部分。

2. 型号组成部分的符号及其意义

第一部分		第二部分		第三部分		第四部分	第五部分
用阿拉伯数字表示器件的电极数目		用汉语拼音字母表示器件的材料和极性		用汉语拼音字母表示器件的类型		用阿拉伯数字表示序号	用汉语拼音字母表示规格号
符号	意义	符号	意义	符号	意义		
2	二极管	A	N 型，锗材料	P	小信号管		
		B	P 型，锗材料	V	混频检波管		
		C	N 型，硅材料	W	电压调整管和电压基准管		
		D	P 型，硅材料	C	变容管		
3	三极管	A	PNP 型，锗材料	Z	整流管		
		B	NPN 型，锗材料	L	整流堆		
		C	PNP 型，硅材料	S	隧道管		
		D	NPN 型，硅材料	U	光电管		

续表

第一部分		第二部分		第三部分		第四部分	第五部分
用阿拉伯数字表示器件的电极数目		用汉语拼音字母表示器件的材料和极性		用汉语拼音字母表示器件的类型		用阿拉伯数字表示序号	用汉语拼音字母表示规格号
符号	意义	符号	意义	符号	意义		
		E	化合物材料	K	开关管		
				X	低频小功率晶体管（$f_a <$ 3MHz，$P_c < 1W$）		
				G	高频小功率晶体管（$f_a \geqslant$ 3MHz，$P_c < 1W$）		
				D	低频大功率晶体管（$f_a <$ 3MHz，$P_c \geqslant 1W$）		
				A	高频大功率晶体管（$f_a \geqslant$ 3MHz，$P_c \geqslant 1W$）		
				T	闸流管		
				CS	场效应晶体管		
				BT	特殊晶体管		
				FH	复合管		
				PIN	PIN 型管		
				GJ	激光二极管		

| 附录二　常用半导体器件的参数 |

1．半导体二极管

（1）检波与整流二极管

参　数		最大整流电流	最大整流电流时的正向压降	最高反向工作电压	最高工作频率	用　途
符号		I_{om}	U_F	U_{RM}	f_M	
单位		mA	V	V	kHz	
型号	2AP1	16		20		检波及小电流整流
	2AP2	16		30		
	2AP3	25		30		
	2AP4	16	$\leqslant 1.2$	50	150×10^3	
	2AP5	16		75		
	2AP6	12		100		
	2AP7	12		100		
	2CP10			25		整流
	2CP11			50		
	2CP12			100		
	2CP13	100	$\leqslant 1.5$	150	50	
	2CP14			200		
	2CP15			250		
	2CP16			300		

参　数	最大整流电流	最大整流电流时的正向压降	最高反向工作电压	最高工作频率	用　途
符号	I_{om}	U_F	U_{RM}	f_M	
单位	mA	V	V	kHz	
型号 2CP17			350		
2CP18			400		
2CP19	300	≤1	500	3	整流
2CP20			600		
2CP21			100		
2CZ11A			100		
2CZ11B			200		
2CZ11C			300		
2CZ11D	1000	≤1	400	3	
2CZ11E			500		用于频率为 3kHz 以下的整
2CZ11F			600		流设备中。使用时，2CZ11 管
2CZ11G			700		子应加 60mm×60mm×1.5mm
2CZ11H			800		的铝散热片，2CZ12 型管子应
2CZ12A			50		加 120mm×120mm×3mm 的
2CZ12B			100		铝散热片
2CZ12C			200		
2CZ12D	3000	≤0.8	300	3	
2CZ12E			400		
2CZ12F			500		
2CZ12G			600		

（2）稳压管

参　数	稳定电压	稳定电流	最大耗散功率	最大稳定电流	动态电阻	用　途
符号	U_Z	I_Z	P_{ZM}	I_{Zmax}	r_Z	
单位	V	mA	mW	mA	Ω	
测试条件	工作电流等于稳定电流	工作电压等于稳定电压	−60～+50℃	−60～+50℃	工作电流等于稳定电流	
型号 2CW11	3.2～4.5	10	250	55	≤70	
2CW12	4～5.5	10	250	45	≤50	
2CW13	5～6.5	10	250	38	≤30	
2CW14	6～7.5	10	250	33	≤15	
2CW15	7～8.5	5	250	29	≤15	用于稳压
2CW16	8～9.5	5	250	26	≤20	电路
2CW17	9～10.5	5	250	23	≤25	
2CW18	10～12	5	250	20	≤30	
2CW19	11.5～14	5	250	18	≤40	
2CW20	13.5～17	5	250	15	≤50	
2DW7A	5.8～6.6	10	200	30	≤25	
2DW7B	5.8～6.6	10	200	30	≤15	
2DW7C	6.1～6.5	10	200	30	≤10	

（3）开关二极管

参　　数	反向击穿电压	反向工作峰值电压	反向压降	反向恢复时间	零偏压电容	反向漏电流	最大正向电流	正向压降	用　　途
单位	V	V	V	ns	pF	μA	mA	V	
2AK1	30	10	≥10	≤200	≤1		≤100		用于开关电路
2AK2	40	20	≥20	≤200	≤1		≤150		
2AK3	50	30	≥30	≤150	≤1		≤200		
2AK4	55	35	≥35	≤150	≤1		≤200		
2AK5	60	40	≥40	≤150	≤1		≤200		
2AK6	75	50	≥50	≤150	≤1		≤200		
2CK1	≥40	30	30	≤150	≤30	≤1	100	≤1	用于开关电路、逻辑电路、高频电路等
2CK2	≥80	60	60	≤150	≤30	≤1	100	≤1	
2CK3	≥120	90	90	≤150	≤30	≤1	100	≤1	
2CK4	≥150	120	120	≤150	≤30	≤1	100	≤1	
2CK5	≥180	180	150	≤150	≤30	≤1	100	≤1	
2CK6	≥210	210	180	≤150	≤30	≤1	100	≤1	

型号列：2AK1～2CK6

2．半导体三极管

（1）部分 3AX 型低频小功率锗管型号和主要参数

型号	集电极最大耗散功率 P_{CM}/mW	集电极最大允许电流 I_{CM}/mA	反向击穿电压			反向饱和电流		共发射极电流放大系数 $h_{fe}(\beta)$	最高允许结温 T_{JM}/℃	用途
			集－基 $U_{(BR)CBO}$/V	集－射 $U_{(BR)CEO}$/V	射－基 $U_{(BR)EBO}$/V	集－基 I_{CBO}/μA	集－射 I_{CEO}/μA			
3AX21	100	30	≥30	≥12	≥12	≤12	≤325	30～85	75	用于低频放大及功放电路
3AX21A	100	30	≥30	≥9	≥10	≤20		20～200	75	
3AX22	125	100	≥30	≥18	≥18	≤12	≤300	40～150	75	
3AX22A	125	100	≥30	≥10	≥12	≤15		20～200	75	
3AX31A	125	125	≥20	≥12	≥10	≤20	≤1000	30～200	75	
3AX31B	125	125	≥30	≥18	≥10	≤10	≤750	50～150	75	
3AX31C	125	125	≥40	≥25	≥20	≤6	≤500	50～150	75	
3AX31D	100	30	≥30	≥12	≥10	≤12	≤750	30～150	75	
3AX31E	100	30	≥30	≥12	≥12	≤12	≤500	20～250	75	
3AX45A	200	200	≥20	≥10	≥7	≤30	≤1000	40～200	75	
3AX45B	200	200	≥30	≥15	≥10	≤15	≤750	20～250	75	
3AX45C	200	200	≥20	≥10	≥7	≤30	≤1000	≥20	75	
3AX61	500	500	≥50	≥30		≤100		≥50	85	
3AX62	500	500	≥50	≥30		≤100		≥20	85	
3AX63	500	500	≥80	≥60		≤100			85	

h_{fe} 的分档标记

管顶色点	红	橙	黄	绿	蓝	紫	灰	白	黑
3AX21～24	20～35	30～40	35～50	50～65	65～85	85～115	115～150	150～200	115～200
3AX31	20～30	30～40	40～50	50～65	65～85	85～115		>115	
3AX45	20～30		40～50	50～65	65～85	85～115			

（2）部分 3DX 型小功率管型号和主要参数

型号	集电极最大耗散功率 P_{CM}/mW	集电极最大允许电流 I_{CM}/mA	反向击穿电压			反向饱和电流		共发射极电流放大系数 $h_{fe}(\beta)$	最高允许结温 T_{JM}/℃	用途
			集－基 $U_{(BR)CBO}$/V	集－射 $U_{(BR)CEO}$/V	射－基 $U_{(BR)EBO}$/V	集－基 I_{CBO}/μA	集－射 I_{CEO}/μA			
3DX2A	500	100	≥30	≥15		≤5	≤25	10～20	150	用于低频功率放大电路
3DX2B	500	100	≥40	≥30		≤5	≤25	10～20	150	
3DX2C	500	100	≥30	≥15		≤5	≤25	20～30	150	
3DX2E	500	100	≥30	≥15		≤5	≤25	≥30	150	
3DX3A	200	30	≥30	≥15		≤3	≤10	9～20	150	
3DX3B	200	30	≥40	≥30		≤3	≤10	9～20	150	
3DX3C	200	30	≥30	≥15		≤3	≤10	20～30	150	
3AX3E	200	30	≥30	≥15		≤3	≤10	≥30	150	

（3）部分 3AD 型和 3DD 型低频小功率管型号和主要参数

型号	集电极最大耗散功率 P_{CM}/mW	集电极最大允许电流 I_{CM}/mA	反向击穿电压			反向饱和电流		共发射极电流放大系数 $h_{fe}(\beta)$	最高允许结温 T_{JM}/℃	用途
			集－基 $U_{(BR)CBO}$/V	集－射 $U_{(BR)CEO}$/V	射－基 $U_{(BR)EBO}$/V	集－基 I_{CBO}/μA	集－射 I_{CEO}/μA			
3AD6A	1	2	50	18	20	≤400	≤2500	≥12	90	用于低频功率放大电路
3AD6C	10（加散热片）	2	70	30	20	≤300	≤2500	≥12	90	
3AD30A	2（加散热片）	4	50	12	20	≤500	≤15mA	12～100	85	
3AD30C	20（加散热片）	4	70	24	20	≤500	≤10mA	12～100	85	
3DD2	3（加散热片）	0.5		≥4		≤50		≥10	175	
3DD3	5（加散热片）	0.75		≥4		≤100		≥10	175	
3DD5	25.5（加散热片）	2.5		≥4		≤300		≥10	175	
3DD6A	50	5		30	≥4	≤500		≥10	175	
3DD6E	50	5		100	≥4	≤500		≥10	175	

（4）部分 3AG 型和 3DG 型高频小功率管型号和主要参数

型号	集电极最大耗散功率 P_{CM}/mW	集电极最大允许电流 I_{CM}/mA	反向击穿电压			反向饱和电流		共发射极电流放大系数 $h_{fe}(\beta)$	最高允许结温 T_{JM}/℃	特征频率 f_T/MHz	用途
			集－基 $U_{(BR)CBO}$/V	集－射 $U_{(BR)CEO}$/V	射－基 $U_{(BR)EBO}$/V	集－基 I_{CBO}/μA	集－射 I_{CEO}/μA				
3AG55A	150	50		≥15		≤8	≤500	30～200	75	≥100	用于高频放大和振荡电路
3AG55B	150	50		≥15		≤8	≤500	30～200	75	≥200	
3AG55C	150	50		≥15		≤8	≤500	30～200	75	≥300	
3DG6A	100	20	≥30	≥15	≥4	≤0.1		10～200	150	≥100	
3DG6B	100	20	≥45	≥20	≥4	≤0.01		20～200	150	≥150	
3DG6C	100	20	≥45	≥20	≥4	≤0.01		20～200	150	≥250	
3DG6D	100	20	≥45	≥30	≥4	≤0.1		20～200	150	≥150	
3DG12	700	300	≥20	≥15	≥4	≤10		20～200	175	≥100	
3DG12B	700	300	≥60	≥45	≥4	≤1		20～200	175	≥200	
3DG27A	1000	300	≥75	≥75	≥5	≤1		≥10	175	≥100	

（5）部分 3AK 型和 3DK 型开关管型号和主要参数

型号	集电极最大耗散功率 P_{CM}/mW	集电极最大允许电流 I_{CM}/mA	反向击穿电压		集－基反向饱和电流 I_{CBO}/μA	饱和压降		开关参数		共发射极电流放大系数 $h_{fe}(\beta)$	特征频率 f_T/MHz	用途
			集－射 $U_{(BR)CEO}$/V	射－基 $U_{(BR)EBO}$/V		集－射 U_{CES}/V	基－射 U_{CES}/V	开启时间 t_{on}/ns	关闭时间 t_{off}/ns			
3AK20A	50	20	12	3	≤5	≤0.4	≤0.5	≤100	≤150	30～150	≥100	用于高频放大和振荡电路
3AK20B	50	20	12	3	≤5	≤0.35	≤0.5	≤80	≤100	30～150	≥150	
3DK2A	200	30	20	4	≤0.1	≤0.35	≤1	30	60	≥20	150	
3DK2B	200	30	20	4	≤0.1	≤0.35	≤1	20	40	≥20	200	
3DK4	700	800	15	4	≤1	≤1	≤1.5	50	100	20～200	100	
3DK4C	700	800	30	4	≤1	≤1	≤1.5	50	50	20～200	100	
3DK7F	300	50	15	5	≤0.1	<0.3	≤0.9	45	40	20～200	120	

3. 绝缘栅场效应管

参数	符号	单位	型号			
			3DO4	3DO2（高频管）	3DO6（开关管）	3CO1（开关管）
饱和漏极电流	I_{DSS}	μA	$0.5\times10^3～15\times10^3$		≤1	≤1
栅源夹断电压	$U_{GS(OFF)}$	V	≤|-9|			
开启电压	$U_{GS(TH)}$	V			≤5	-2～-3
栅源绝缘电阻	R_{GS}	Ω	≥10^9	≥10^9	≥10^9	≥10^9
共源小信号低频跨导	g_m	μA/V	≥2000	≥4000	≥2000	≥500
最高振荡频率	f_M	MHz	≥300	≥1000		
最高漏源电压	$U_{DS(BR)}$	V	20	12	20	
最高栅源电压	$U_{GS(BR)}$	V	≥20	≥20	≥20	≥20
最大耗散功率	P_{DSM}	mW	1000	1000	1000	1000

4. 单结晶体管

参数	符号	单位	测试条件	型号			
				BT33A	BT33B	BT33C	BT33D
基极电阻	R_{BB}	kΩ	U_{BB}=3V	2～4.5	2～4.5	>4.5～12	>4.5～12
分压比	η		I_E=0A				
峰点电流	I_P	μA	U_{BB}=20V	0.45～0.9	0.45～0.9	0.3～0.9	0.3～0.9
谷点电流	I_V	mA	U_{BB}=20V	<4	<4	<4	<4
谷点电压	U_V	V	U_{BB}=20V	>1.5	>1.5	>1.5	>1.5
饱和压降	U_V	V	U_{BB}=20V	<3.5	<3.5	<4	<4
反向电流	U_{ES}	μA	U_{BB}=20V	<4	<4	<4.5	<4.5
E、B_1 之间	I_{EO}	μA	I_{EO}=1μA	<2	<2	<2	<2
反向电压	U_{EBIO}	V	U_{EBO}=20V	≥30	≥60	≥30	≥60
耗散功率	P_{B2M}	mW	I_{EO}=1μA	300	300	300	300

5. 晶闸管

参 数	符号	单位	型号				
			KP5	KP20	KP50	KP200	KP500
正向重复峰值电压	U_{FRM}	V	100~3000	100~3000	100~3000	100~3000	100~3000
反向重复峰值电压	U_{FRM}	V	100~3000	100~3000	100~3000	100~3000	100~3000
导通时平均电压	U_F	V	1.2	1.2	1.2	1.2	1.2
正向平均电压	I_F	A	5	20	50	200	500
维持电流	I_H	MA	40	60	60	100	100
控制极触发电压	U_G	V	≤3.5	≤3.5	≤3.5	≤4	≤0
控制极触发电流	I_G	mA	5~70	5~100	8~150	10~250	20~300

| 附录三 　KP 型晶闸管元件额定参数 |

1. KP 型晶闸管元件主要额定值

参数 系列 单位	通态平均电流 $I_{T(AV)}$	断态重复峰峰值电压 U_{DRM}、反向重复峰值电压 U_{RRM}	断态不得复平均电流 $I_{DS(AV)}$、反向不重复平均电流 $I_{RS(AV)}$	额定结温 I_{T1M}	门极触发电流 I_{CT}	门极触发电压 U_{GT}	断态电压临界上升率 d_v/d_t	通态电流临界上升率 d_i/d_t	浪涌电流 I_{TSM}
单位	A	V	mA	C	mA	V	V/μs	A/μs	A
序号	1	2	3	4	5	6	7	8	9
KP1	1	100~·3000	≤1	100	3~30	≤2.5			20
KP5	5	100~3000	≤1	100	5~70	≤3.5			90
KP10	10	100~3000	≤1	100	5~100	≤3.5			190
KP20	20	100~3000	≤1	100	5~100	≤3.5			380
KP30	30	100~3000	≤2	100	8~150	≤3.5			560
KP50	50	100~3000	≤2	100	8~150	≤3.5			940
KP100	100	100~3000	≤4	115	10~250	≤4	25~1000	25~500	1880
KP200	200	100~3000	≤4	115	10~250	≤5			3770
KP300	300	100~3000	≤8	115	20~300	≤5			5650
KP400	400	100~3000	≤8	115	20~300	≤5			7540
KP500	500	100~3000	≤8	115	20~300	≤5			9420
KP600	600	100~3000	≤9	115	30~350	≤5			11160
KP800	800	100~3000	≤9	115	30~350	≤5			14920
KP1000	1000	100~3000	≤10	115	40~400	≤5			18600

2. KP 型晶闸管元件的其他特性参数

参数 系列 单位	断态重复平均电流 $I_{DR(AV)}$、反向重复平均电流 $I_{RR(AV)}$	通态平均电压 $U_{T(AV)}$	维持电流 I_H	门极不触发电流 I_{GD}	门极不触发电压 U_{CD}	门极正向峰值电压 I_{GFM}	门极反向峰值电压 U_{GRM}	门极正向峰值电压 U_{GTM}	门极平均功率 $P_{G(AV)}$	门极峰值功率 P_{GM}	门极控制开通时间 t_{Rt}	电路换向关断时间 t_q
单位	mA	V	mA	mA	V	A	V	V	W	W	μs	μs
序号	1	2	3	4	5	6	7	8	9	10	11	12
KP1	<1			0.4	0.3	—	5	10	0.5		—	
KP5	<1			0.4	0.3	—	5	10	0.5		—	

续表

系列＼参数	断态重复平均电流 $I_{DR(AV)}$、反向重复平均电流 $I_{RR(AV)}$	通态平均电压 $U_{T(AV)}$	维持电流 I_H	门极不触发电流 I_{GD}	门极不触发电压 U_{CD}	门极正向峰值电压 I_{GFM}	门极反向峰值电压 U_{GRM}	门极正向峰值电压 U_{GTM}	门极平均功率 $P_{G(AV)}$	门极峰值功率 P_{GM}	门极控制开通时间 t_{Rt}	电路换向关断时间 t_q
单位	mA	V	mA	mA	V	A	V	V	W	W	μs	μs
序号	1	2	3	4	5	6	7	8	9	10	11	12
KP10	<1		1		0.25	–	5	10	1	–		
KP20	<1		1		0.25	–	5	10	1	–		
KP30	<2		1		0.15	–	5	10	1	–		
KP50	<2		1		0.15	–	5	10	1	–		
KP100	<4		1		0.15	–	5	10	2	–		
KP200	<4	① 实测值	1		0.15	–	5	10	2	–	典型值②	典型值②
KP300	<8		1		0.15	4	5	10	4	15		
KP400	<8		1		0.15	4	5	10	4	15		
KP500	<8		1		0.15	4	5	10	4	15		
KP600	<9		–		–	4	5	10	4	15		
KP800	<9		–		–	4	5	10	4	15		
KP1000	<10		–		–	4	5	10	4	15		

注：① U_T 出厂上限值由各厂根据合格产品试验自定；② 同类产品中最有代表的数值。

附录四　Proteus 软件操作说明

1．Proteus 简介

Proteus 是英国 LabCenter Electronics 公司开发 EDA 工具软件。Proteus 不仅是模拟电路、数字电路、模/数混合电路的设计与仿真平台，更是目前世界上最先进的、最完整的多种型号微控制器系统的设计与仿真平台。它真正实现了在计算机上完成从原理图设计、电路分析与仿真、单片机代码调试与仿真、系统测试与功能验证到形成 PCB 板的完整的电子设计、研发过程。Proteus 从 1989 年问世至今，经过了 20 多年的使用、发展和完善，功能越来越强，性能越来越好。

Proteus 软件具有以下特点。

（1）实现了单片机仿真和 SPICE 电路仿真相结合，具有模拟电路仿真、数字电路仿真、单片机及其外围电路组成的系统的仿真、RS232 动态仿真、I^2C 调试器、SPI 调试器、键盘和 LCD 系统仿真的功能。

（2）支持主流单片机系统的仿真。目前支持的单片机类型有 ARM 系列、8051 系列、AVR 系列、PIC10/12/16/18/24 系列、8086 系列以及各种外围芯片。

（3）提供软件调试功能。在硬件仿真系统中具有全速、单步、设置断点等调试功能，同时可以观察各个变量、寄存器等的当前状态，因此在该软件仿真系统中，也必须具有这些功能；它同时支持第三方的软件编译和调试环境，如 Keil C51 等软件。

（4）具有强大的原理图绘制功能。

总之，Proteus 软件是一款集单片机和 SPICE 分析于一身的仿真软件，功能极其强大。

2．Proteus 的基本操作

（1）仿真

设计流

（2）选取元器件

进入到器件库中有两种方式：

① 单击对象选择器上方的［P］按钮（快捷键 P）。

② 在编辑窗口空白处单击鼠标右键，选择[Place]→[Component]→[From Libraries]命令进入器件库。

进入库以后，直接在[Keywords]对话框中输入名称或描述进行查找，比如输入 741，再选择[Operational Amplifiers]类，就可以得到附录图2所示的查询结果。

附录图1　设计流程图

附录图2　查询器件库

可以通过鼠标右键勾选在库浏览器结果列表中显示的信息，比如类别、子类、生产厂商及库等信息。

最后，双击选中器件，该器件将会添加到对象选择器中，如附录图3所示。

按照上面介绍的方法添加一些电阻，电阻阻值为 1kΩ、10kΩ、12kΩ、15kΩ、56kΩ、68kΩ及 100kΩ（直接在 Keyword 栏输入阻值进行查找）。

可以先在关键词中输入'1k'，然后选择[Resistors]目录以进一步过滤出描述中含有"1k"的电阻，这样可以快速地找到合适的器件。

（3）放置元器件，布局，如附录图4所示。

附录图3　添加器件

附录图4　放置元器件

（4）电路连线

将元件放置到合适的位置之后，在元件间进行布线，如附录图5。系统默认实时捕捉和自动布线有效。相继单击元器件引脚间、线间等要连线的两处，会自动生成连线。

实时捕捉：在实时捕捉有效的情况下，当光标靠近引脚末端或线时该处会自动感应出一个"×"，表示从此点可以单击画线。

自动布线：在前一指针着落点和当前点之间会自动预画线，在引脚末端选定第一个画线点后，随指针移动自动有预画线出现，当遇到障碍时，会自动绕开。

附录图5　电路连线

（5）设置元器件属性

Proteus 库中的元器件都有相应的属性，要设置、修改它的属性，可单击鼠标右键选中所需设置的元器件（高亮显示）后，再单击元器件打开其属性窗口，进行修改、设置。

（6）电气检查

单击工具栏中的图按钮，进行电气检查。

（7）仿真

① 图表

单击工具箱中的图图标，在对象选择器中出现各种仿真分析所需的图表。图中仿真分析图表包括模拟、数字、混合、频率、转移曲线、噪声、失真、傅立叶、直流扫描参数、交流扫描参数等图表。

图表在仿真中起了非常重要的作用，它不仅是显示媒介，还起着仿真中约束条件的作用。通过多个不同类型的图表（电压、数字、阻抗等）得到不同的测试图形，对电路进行不同侧面的分析。做瞬态分析需要一个模拟图表（取名模拟是为了与数字图表区分）。混合模式图表可以同时做模拟和数字的分析。

放置图表的过程：在工具栏中选择［GRAPH］按钮，对象选择器显示分析的图形列表。选择［ANALOGUE］类型，在编辑窗口中用鼠标左键拖曳出一个合适大小的图表窗口，就可以像往常那样选中图表、对它进行大小和位置调整。

在图表中添加激励及探针有下面三种方式。

（a）选中探针/激励，将其拖曳进图表当中，系统会自动识别出添加的探针/激励。对于模拟分析，图线可能分别对应于左或右坐标，探针/激励要加在靠近坐标的一侧。

（b）使用［GRAPH］菜单中的［ADD TRACE］命令，在对话框的探针选项中选择［探针］。

（c）如果在原理图中已经有了选中的探针，使用［ADD TRACE］命令时，系统会快速添加探针/激励。

在开始仿真前，有必要设定仿真时间，ISIS 会捕捉仿真时间内的波形。在此例中，电路输入是 10kHz 的方波（周期为 100μF），在图表编辑窗口中有［START］、［STOP］时间选项，将其中默认的[STOP]时间由 1s 改为 100μs。

② 激励源

测试电路需要合适的输入。Proteus 带的激励源可以提供所需要的信号。

单击［GENERATOR］按钮，对象选择器中会列出支持的激励源。对于这个电路，我们需要一个脉冲发生器。选择脉冲的类型，在编辑窗口中选择放置位置，单击鼠标左键确认，再进行连线。

激励源的操作和 ISIS 的元件操作是一样的，在选取放置时也可以进行编辑、移动、旋转、删除等操作；另外，激励源可以放置在已经存在的导线上，也可以放置好后再连线。在连线时激励源终端名称会自动命名。

最后，编辑激励源，得到想要的脉冲（此处设置高电平为 10mV，脉冲宽度为 0.5s）。

* ISIS 手册中的 Generators and Probes，对各种激励源有一个详细的介绍。在原理图中激励源的数目是没有限制的。

③ 电压电流探针

输入使用激励源，在需要监测的地方放置探针。在［工具］栏中选中探针类型（本例选用的是电压探针），放置在连线上，也可以放置好后再连线。

探针放置和 Proteus 中的其他元件是一样的，在选中探针后，可以进行编辑、移动、旋转等操作。

（8）产生报告

原理图绘制完毕，ISIS 就可以输出多种报告了，如网络表、器件清单、电器规则检查报告等。这些输出命令都在［工具（Tools）］菜单下。输出报告显示为弹出视窗，并可以保存为文件或拷贝到剪贴板。

器件清单可以使器件统计变得简单，给 PCB 器件采购带来很大方便。

因为样例电路并不是一个完整的设计，网表产生和使用也会有一些不确定的状态，电气规则检查时会产生一些错误。网络表在进行 ISIS 和 ARES 切换时也有关键的作用。

（9）保存与打印

在任何时刻都可以选择［文件（File）］菜单下的［保存（Save）］命令保存设计，也可以将设计另存为其他名字的文件。

如果要打印原理图，首先使用［文件（File）］菜单下［打印机设置（Printer Setup）］命令对打印机进行配置，选择好打印机；再单击［打印（Print）］命令，对话框右侧有图纸预览，在［打印］对话框中对打印份数、打印大小、打印位置等选项进行设置后，即可输出图纸。

参考文献

[1] 黄军辉，张文梅，傅沈文. 电工技术[M]. 2 版. 北京：人民邮电出版社，2012.

[2] 君兰工作室. 新版电工技能——从基础到实操[M]. 北京：科学出版社，2014.

[3] 何军. 电工电子技术项目教程[M]. 2 版. 北京：电子工业出版社，2014.

[4] 吕国泰，吴项. 电子技术[M]. 二版. 北京：高等教育出版社，2007.

[5] 申凤琴. 电工电子技术及应用[M]. 3 版. 北京：机械工业出版社，2016.

[6] 周元兴. 电工与电子技术基础[M]. 北京：机械工业出版社，2007.

[7] 程周. 电工与电子技术[M]. 北京：中国铁道出版社，2010.

[8] 林平勇，高嵩. 电工与电子技术（少学时）[M]. 4 版. 北京：高等教育出版社，2016.

[9] 冯满顺. 电工与电子技术[M]. 2 版. 北京：电子工业出版社，2009.

[10] 杨凌. 电工电子技术[M]. 3 版. 北京：化学工业出版社，2015.

[11] 陈国联，王建华，夏建生. 电子技术[M]. 西安：西安交通大学出版社，2002.

[12] 王楠，倪勇，莫正康. 电力电子应用技术[M]. 4 版. 北京：机械工业出版社，2014.